建筑结构与工程设计赏析

孙 萱◎著

中国出版集团 现代出版社

图书在版编目（CIP）数据

建筑结构与工程设计赏析 / 孙萱著. -- 北京 ： 现代出版社，2023.7
ISBN 978-7-5231-0394-4

Ⅰ. ①建… Ⅱ. ①孙… Ⅲ. ①建筑结构－研究②建筑设计－研究 Ⅳ. ①TU3②TU2

中国国家版本馆CIP数据核字(2023)第119497号

建筑结构与工程设计赏析

作　　者	孙　萱
责任编辑	张红红
出版发行	现代出版社
地　　址	北京市朝阳区安外安华里504号
邮　　编	100011
电　　话	010-64267325　64245264(传真)
网　　址	www.1980xd.com
电子邮箱	xiandai@cnpitc.com.cn
印　　刷	北京四海锦诚印刷技术有限公司
版　　次	2023年7月第1版　2023年7月第1次印刷
开　　本	185 mm×260 mm　1/16
印　　张	11.5
字　　数	272千字
书　　号	ISBN 978-7-5231-0394-4
定　　价	58.00元

前言
PREFACE

改革开放以来，随着社会的不断进步，经济的不断发展，我国建筑业也得到了飞速发展，成为国民经济的支柱产业。同时，我国工业化、信息化、城镇化、市场化、国际化及全球经济一体化的不断深入，给建筑业提供了较大的发展空间，也对建筑业的从业人员提出了更高的要求。机遇与挑战并存的现状，要求建筑业不断优化人才队伍结构，加强人才队伍建设。

中国经济建设高速持续发展，国家对各类建筑人才的需求日增，对高校土建类高素质人才的培养提出了新的要求，从而对土建类教材建设也提出了新的要求。这本书正是为了适应当今时代对高层次建设人才培养的需求而编写的。

本书共六章，第一章主要概述了建筑结构与建筑的关系、建筑结构的起源及其形式演变与现代工程结构的设计方法探索；第二章主要概述了建筑结构设计的基本原理；第三章主要概述了土木工程材料的基本性质、建筑工程材料的常见类型、建筑钢结构所用材料及其选用、混凝土结构材料的强度与变形以及砌体结构材料分析；第四章主要概述了建筑混凝土结构及其构件设计；第五章主要概述了砌体结构类型及结构方案布置、钢结构的一般概念及连接方式以及钢结构的受力构件与施工设计；第六章主要包括了中国传统建筑结构及其艺术赏析、现代主义建筑发展与经典作品赏析以及当代建筑文化的发展态势与新突破。本书可作为普通高等院校土木工程专业、建筑工程和市政工程参考书籍，亦可作为专业培训用书和技术人员自学及应用的参考书。

本书在编写过程中参考了相关规范、标准和有关文献资料，并得到了有关专家和学者的支持与帮助，在此，深表谢意。由于水平所限，书中难免有不妥或错误之处，恳请广大读者批评指正。

作 者
2023 年 4 月

C 目录
ONTENTS

第一章 建筑结构概述

建筑结构课程是土木工程类非结构专业的主要专业基础课，是建筑学、建筑工程管理、建筑给水与排水工程、采暖通风工程等专业的必修课程。

"建筑结构是指建筑物中由承重构件（梁、柱、桁架、墙、楼盖和基础）所组成的结构体系，用以承受作用在建筑物上的各种荷载，故应具有足够的强度、刚度、稳定性和耐久性，从而满足使用要求。根据所用材料的不同，常见的建筑结构有砌体结构、混凝土结构，木结构和钢结构等。"[①]

第一节　建筑结构与建筑的关系

一、建筑结构的基本概念

（一）建筑结构的定义

建筑结构（一般可简称为结构）是指建筑空间中由基本结构构件（梁、柱、桁架、墙、楼盖和基础等）组合而成的结构体系，用以承受自然界或人为施加在建筑物上的各种作用。建筑结构应具有足够的强度、刚度、稳定性和耐久性，以满足建筑物的使用要求，为人们的生命财产提供安全保障。

建筑结构是一个由构件组成的骨架，是一个与建筑、设备、外界环境形成对立统一的有明显特征的体系，建筑结构的骨架具有与建筑相协调的空间形式和造型。

在土建工程中，结构主要有四个方面的作用：

（1）形成人类活动的空间。这个作用可以由板（平板、曲面板）、梁（直梁、曲梁）

---

① 王铭明，杨德磊. 建筑结构 [M]. 成都：电子科技大学出版社，2017：3-4.

桁架、网架等水平方向的结构构件，以及柱、墙、框架等竖直方向的结构构件组成的建筑结构来实现。

（2）为人群和车辆提供通道。这个作用可用以上构件组成的桥梁结构来实现。

（3）抵御自然界水、土、岩石等侧向压力的作用。这个作用可用水坝、护堤、挡土墙、隧道等水工结构和土工结构来实现。

（4）构成为其他专门用途服务的空间。这个作用可以用排除废气的烟囱、储存液体的油罐以及水池等特殊结构来实现。

（二）建筑结构的分类及主要优缺点

建筑结构按承重结构所用材料不同，可以分为：混凝土结构、砌体结构、钢结构和木结构。此处只讲述前三种结构及其构件。

1. 混凝土结构

主要以混凝土为材料组成的结构称为混凝土结构，混凝土结构包括素混凝土结构、钢筋混凝土结构和预应力混凝土结构。

（1）钢筋和混凝土的共同工作

钢筋混凝土结构是工程中应用非常广泛的一种结构类型。混凝土是脆性材料，抗拉强度较高而抗压强度很低，因此，不配置受力钢筋的素混凝土结构只能用于受压构件，且破坏突然，很少使用。钢筋的抗拉压强度都很高，在受弯构件中，由混凝土承担压力，受拉一侧布置适量钢筋承担拉力；在受压构件中，配置抗压强度较高的钢筋，协助混凝土一起受压。从而充分发挥两种材料的力学性能，提高钢筋混凝土构件的承载力，改善构件的脆性性质，满足工程要求。

钢筋和混凝土是两种物理力学性质完全不同的材料，之所以可以共同工作，主要原因如下。

①共同受力：钢筋与混凝土间有足够的黏结力，能使两种材料形成整体，这是共同工作的主要条件。黏结力主要由三个部分组成：一是混凝土结硬时收缩将钢筋紧紧握固而产生的摩擦力，二是钢筋与混凝土接触面产生的胶结力，三是由于钢筋表面凸凹不平与混凝土间产生的机械咬合力。

②共同变形：钢筋与混凝土的温度线膨胀系数基本相等，钢筋约为 $1.2 \times 10^{-5}/℃$、混特土为 $(1.0 \sim 1.5) \times 10^{-5}/℃$，温度变化时，两者的变形基本相同，不致产生较大的变形差而破坏钢筋混凝土的整体性。

③有足够的耐久性：钢筋外面有足够的混凝土保护层厚度，防止钢筋锈蚀，保证了钢

筋混凝土结构的耐久性。

（2）混凝土结构的优缺点

混凝土结构的主要优点：a. 耐久性和耐火性均较好。b. 就地取材。c. 可模性好。d. 节约钢材。e. 刚度大，整体性好。

混凝土结构的主要缺点：a. 自重大，施工复杂。b. 抗裂性差。c. 浇筑混凝土时需要模板、支撑多。d. 建造费工费时。e. 补强维修困难。

2. 砌体结构

（1）砌体结构的概念

砌体结构是由各种块材用砂浆通过人工铺砌而成的结构。由于块材可分为砖、石材和砌块，因此砌体结构可分为砖砌体、石砌体和砌块砌体 3 种类型；根据是否在砌体里加入受力钢筋，又可分为配筋砌体和无筋砌体。

（2）砌体结构的优缺点

砌体结构的主要优点：a. 就地取材，造价低廉。b. 耐久性和耐火性均较好。c. 隔热保温性能好。

砌体结构的主要缺点：a. 自重大，承载力低。b. 砌筑工作量大。c. 抗震性能差。

3. 钢结构

（1）钢结构的概念

钢结构是钢板及型钢经连接而成的结构。它应用非常广泛，目前主要用于大跨度结构、高层和超高层建筑、高耸结构、重工业厂房等。

（2）钢结构的优缺点

钢结构的主要优点：a. 强度高，重量轻。b. 塑性和韧性好。c. 材质均匀，物理性能好。d. 制作加工方便，施工速度快。e. 抗震性能好。

钢结构的主要缺点：a. 耐火性差、耐腐蚀性差。b. 造价高。c. 低温环境，可能发生脆断。

二、建筑物设计流程

一般建筑物的设计从业主组织设计招标或委托方案设计开始，到施工图设计完成为止，整个设计工程可划分为方案设计、初步设计和施工图设计三个主要设计阶段。对于小型和功能简单的建筑物，工程设计可分方案设计和施工图设计两个阶段；对于重大工程项目，在三个设计阶段的基础上，通常会在初步设计之后增加技术设计环节，然后进入施工图设计阶段。

三、建筑与结构的关系

建筑物的设计过程，需要建筑师、结构工程师和其他专业工程师（水、暖、电）共同合作完成，特别是建筑师和结构工程师的分工、合作，在整个设计过程中，尤为重要，二者各自的主要设计任务如下。

建筑设计：

（1）与规划的协调，建筑体型和周边环境的设计；

（2）合理布置和组织建筑物室内空间；

（3）解决好采光通风、照明、隔声、隔热等建筑技术问题；

（4）艺术处理和室内外装饰。

结构设计：

（1）合理选择，确定与建筑体系相称的结构方案和结构布置，满足建筑功能要求；

（2）确定结构承受的荷载，合理选用建筑材料；

（3）解决好结构承载力、正常使用方面的所有结构技术问题；

（4）解决好结构方面的构造和施工方面的问题。

一栋建筑物的完成，是各专业设计人员紧密合作的成果。设计的最终目标是达到形式和功能的统一，也就是建筑和结构的统一。美国著名建筑师赖特（F. L. Wright, 1869—1959）认为，建筑必须是个有机体，其建筑、结构、材料，功能，形式与环境应当相互协调、完整一致。被公认为建筑师的欧洲结构权威意大利人奈尔维（P. L. Nervi, 1891—1979）在1957年设计意大利罗马小体育馆时，将钢筋混凝土肋形球壳作为体育馆的屋盖，肋形球壳网肋的边端进行艺术化处理，构成一幅葵花图案，同时充分发挥结构的美学表现力，球壳的径向推力由Y形的斜柱支撑，因其接近地面，净空高度小，无法利用，故将其暴露在室外。敞露的斜柱清晰显示了力流高度汇集的结构特点，又非常形象地表现了独特的艺术风格。整个体育馆的室内空间的结构形式与建筑功能的艺术形象完全融为一体，实现了建筑和结构的完美统一，成为世界建筑工程的经典作品。

建筑和结构的统一体即建筑物，具有两个方面的特质：一是它的内在特质，即安全性、适用性和耐久性；二是它的外在特质，即使用性和美学要求。前者取决于结构，后者取决于建筑。

结构是建筑物赖以存在的物质基础，在一定的意义上，结构支配着建筑。这是因为，任何建筑物都要耗用大量的材料和劳动力来建造，建筑物首先必须抵抗（或承受）各种外界的作用（如重力、风力、地震等），合理地选择结构材料和结构形式，既可满足建筑物的美学要求，又可以带来经济效益。

一个成功的设计必然以经济合理的结构方案为基础。在决定建筑设计的平面、立面和剖面时，就应当考虑结构方案的选择，使之既满足建筑的使用和美学要求，又照顾到结构的可能和施工的难易。

现在，每一个从事建筑设计的建筑师，都或多或少地承认结构知识的重要性。但是在传统观念的影响下，他们常常被优先培养成为一个艺术家。然而，在一个设计团队中，往往需要建筑师来沟通和结构工程师之间的关系，在设计的各个方面充当协调者。而现代建筑技术的发展，新材料和新结构的采用，又使建筑师在技术方面的知识受到局限。只有对基本的结构知识有较深刻的了解，建筑师才有可能胜任自己的工作，处理好建筑和结构的关系。反之，不是结构妨碍建筑，就是建筑给结构带来困难。

美观对结构的影响是不容否认的。当结构成为建筑表现的一个完整的部分时，就必定能建造出较好的结构和更满意的建筑。如北京奥运会主体育场，外露的空间钢结构恰当地表现了"巢"的创意。今天的问题已经不是"可不可以建造"的问题，而是"应不应该建造"的问题。建筑师除了在建筑方面有较高的修养外，还应当在结构方面有一定的造诣。

第二节　建筑结构的起源及其形式演变

一、建筑结构的起源与发展

（一）我国建筑结构

1. 秦朝以前的建筑活动

上古时期，尚无真正意义上的建筑设计，建筑仅是作为遮风避雨的简易场所，穴居和巢居是当时普遍的居住形式。史料记载"上古穴居而野处""上古之世，人民少而禽兽众，人民不胜禽兽虫蛇。有圣人作，构木为巢以避群害"，即反映了当时人类的居住状况。之后，建筑经历了从深穴居到半穴居的过程，在农耕时期进入了营造地面建筑的阶段，构筑方式也完成了从以土为主逐渐向以木为主的过渡。

夏朝时期逐渐开始从建造方式、规模制度等方面对居住场所进行摸索设计，是原始建筑向传统建筑转折的关键时期。夯筑技术已使用于建筑宫室台榭，河南偃师二里头遗址是迄今发现的我国最早的宫殿建筑群。该遗址表明夏朝大型建筑已开始采用"茅茨土阶"的构筑方式及"前堂后室"的空间布局。

商朝的夯筑技术日趋成熟，采用先分层夯筑后逐段上筑的夯土版筑法建造城墙。同时创制了板瓦、筒瓦等建筑陶器，借助半瓦当改进屋顶的防水性能；出现了斗和拱，并形成了简单的组合形式，以改善屋顶承受荷载的能力，推进建筑结构向着构架发展。

春秋战国时期的建筑规模则比以往更为宏大，台榭式高层建筑大量兴建。正如春秋时期老子所说的"九层之台，始于累土"，夯筑若干座高数米至十多米的阶梯形夯土台，在上面建筑木构架殿堂屋宇，形成类似多层建筑的大型高台建筑群。

2. 秦汉时期的建筑设计

传统木构架建筑在秦朝时期更加成熟并产生了重大的突破，主要体现在对大跨度架的设计上。例如，秦咸阳宫离宫一号宫殿主厅的斜梁水平跨度已达到10m，据此推测阿房宫前殿的主梁跨度一定不会小于10m。同时，用砖承重在秦朝时期已经出现，可用其砌筑出质地坚硬的砖墙，砖的发明是中国建筑设计史上的重要成就之一。

汉代木构架建筑设计灵活，后世常见的柱上架梁、梁上立短柱、短柱上再架梁的抬梁式木结构，柱头承檩并穿枋联结柱子的穿斗式木结构以及下部架空、上部为干阑式木结构，直至今日，这些结构形式仍被广泛应用。斗拱被广泛使用且形式多样，当时的工匠为了保护土墙、木构架和房屋的基础，用向外挑出的斗拱承托屋檐，以使屋檐伸出足够的长度。

汉代在砖石建筑和拱券结构方面亦有巨大进步。西汉时期出现了大量不同形状的砖，利用条砖与楔形砖砌拱建造墓室，发明了企口砖以加强砖砌拱的整体性。除此之外，汉代还在岩石上开凿岩墓，或者利用石材砌筑梁板式墓或拱券式墓。

3. 魏晋南北朝时期的建筑设计

魏晋南北朝时期最突出的建筑类型是佛教建筑，"大起浮屠寺，上累金盘，下为重楼，又堂阁周围，可容三千许人。作黄金涂像，衣以锦彩"，是当时大兴佛教建筑的鲜明写照。早期佛教建筑布局仿照印度建筑风格，后来逐步中国化，其一般由地宫、塔基、塔身、塔顶和塔刹组成，仿照多层木构楼阁的做法，形成了中国式木塔，这可以说是传统中国多层木结构的开始。

除此之外，砖石结构也有了长足的进步，出现了高达数十米的石塔和砖塔。各地的石窟开始相继建造，石窟可以分为三种：一是塔院型，以塔为窟的中心（即窟中支撑窟顶的中心柱刻成佛塔形象），该类石窟的典型代表是大同云冈石窟；二是佛殿型，窟中以佛像为主要内容，相当于一般寺庙中的佛殿；三是僧殿型，供僧众打坐修行，窟中置佛像，周围凿小窟。

南北朝中后期，木构架建筑结构开始出现变化，逐渐由以土墙和夯土台为主要承重部分的土木混合结构向全木构架结构发展。

这一时期，建筑构件设计更为丰富，斗拱形式多样，主要出现了两种新的构造形式，一种是将正侧边立柱向内，向明间（即单体建筑正中的一间）方向倾斜，称为"侧脚"；另一种是将每边的立柱自明间柱到两端角柱逐间升高少许，称为"生起"。这两种新形式主要是使柱头内聚，柱脚外撇，最终形成下凹式曲面屋顶，有效防止建筑的倾侧扭转，提高建筑的稳定性。

4. 隋唐、五代十国时期的建筑设计

东汉至南北朝时期有了高层木建筑的建造技术，到了隋唐时期，木建筑解决了大面积、大体量的技术问题，并已定型化。如大明宫麟德殿，面积约为 5000m²，采用面阔 11 间、进深约为面阔 1 倍的柱网布置。

当时的木架结构特别是斗拱部分，构件形式及用料都已开始规格化，说明用材制度已经出现，即将木架部分的用料规格化，一律以木料的某一断面尺寸为基数计算，这是木构件分工生产和统一装配必然要求的方法。

自南北朝中后期出现的侧脚、生起、翼角。凹面屋面等结构构件的设计手法也在隋唐建筑上逐渐规范化。挑檐和室内斗拱设计呈内凹或外凸的规格化弧面，继以往的凹曲屋面和起翘翼角的屋顶形式后，又设计出庑殿、歇山、悬山、攒尖等各种样式。

隋唐时期，虽然木楼阁式塔仍是塔的主要类型，在数量上占优势，但木塔易燃且不耐久的缺点推动了砖石建筑的进一步发展。目前我国保存下来的隋唐时期塔式建筑均为砖石塔，唐朝的砖石塔有楼阁式、密檐式与单层塔。

砖石塔外形向仿木结构建筑方向发展，例如，西安兴教寺玄奘塔部分地仿照木建筑的柱、简单的斗拱、檐部、门窗等，反映了对传统建筑式样的继承和砖石材料加工技术渐趋成熟。

五代时期砖木混合结构的塔，都是在唐代砖石塔基础上进一步发展的仿楼阁式木塔。例如，建都于广州的南汉铸造铁塔，反映了江南一带建筑技术水平的提高。

5. 宋、辽、西夏、金时期的建筑设计

北宋颁布了建筑预算定额——《营造法式》，这是历史上首次以文字形式规定的木模

数制度。以"材"作为造屋尺度标准，将木架建筑的用料尺寸分为八等，按屋宇的大小、主次量屋用"材"。"材"一经选定，木构架部件的尺寸整套都按规定来，工料估算有了统一的标准，施工也方便。以后历朝的木架建筑都沿用相当于以"材"为模数的办法，直到清代。

宋代的砖石建筑水平达到了新的高度，木塔已较少采用，绝大多数为砖石塔。河北定州市开元寺塔（料敌塔）高达84m，是我国最高的砖石塔；福建泉州开元寺东西两座仿木石塔，高度均为40余米，是我国规模最大的石塔。宋代砖石塔的特点是平面多为八角形，少数用方形与六角形，可供登临远眺，塔身多为筒体结构，墙面及檐部多为仿木建筑形式或采用木构屋檐。

辽代建筑大量吸取唐代北方的传统做法，保留了唐代建筑的设计手法。其佛塔多数采用砖砌的密檐塔，楼阁式塔较少，不少密檐塔的柱、梁、斗拱、门窗、檐口等都用砖仿木构件。这一时期的砖仿木建筑设计水平已达到登峰造极的地步，北京天宁寺塔、山西灵丘觉山寺塔是这类佛塔的著名代表。

6. 元、明、清时期的建筑设计

元朝建筑大多沿袭了唐、宋以来的传统设计形式，部分地方继承了辽金建筑的特点。其大量使用圆木、弯曲木料作为梁架构件，并简化局部建筑构件，在结构设计上大胆运用减柱法、移柱法，使元朝建筑呈现随意奔放的风格。但由于木料特性的限制，以及缺乏科学的计算方法，元朝建筑不得不额外采用木柱加固结构。

明朝时期，砖已普遍用于民居砌墙。之前虽有砖塔、砖墓、水道砖拱等砖砌建筑，但木架建筑均以土墙为主，砖仅用于铺地、砌筑台基与墙基等处。随着砖的发展，出现了全部用砖拱砌成的建筑物——无梁殿，多用作防火建筑，如明中叶所建的南京灵谷寺无梁殿和苏州开元寺无梁殿。

明朝宫殿，庙宇建筑的墙用砖砌，屋顶出檐减小，挑檐檩直接搁在梁头上，充分利用梁头向外挑出的作用来承托屋檐重量。这种新定型的木构架，斗拱的结构作用减小，梁柱构架的整体性加强。

与明朝以前的建筑相比，清代建筑标准化、定型化的程度更高，表现在层叠数量增多、装饰效果加强、出檐减小、举架增高等方面。由于木材的积蓄日益减少，迫使采用更多其他的建筑材料进行建筑设计，砖石建筑的数量明显增加，住宅建筑普遍改用砖石作围护材料，更多地使用砖石承重或砖木混合结构。清朝的木构架建筑结构得到了许多改进，柱网更加规格化，元明以来惯用的侧脚、生起的做法及斗拱构造逐渐退化或减少使用。

清朝大型建筑的梁柱材料多改用拼合方式——以小木料攒成大木料，外周以铁箍加固，表面覆麻灰油饰以遮掩痕迹。这种拼合法不仅节约了巨型材料，还为分段设计建造多层楼阁创造了条件。同时，大型建筑的内檐构造基本摆脱了斗拱的束缚，而直接采用榫卯连接梁柱。按照这种梁、柱、榫直接结合的方法设计出了大批楼阁式建筑，如北京颐和园佛香阁、颐和园重檐八角亭等。

7. 清末至民国时期的建筑设计

清末，城市建筑的变化主要表现在通商口岸，一些租界和外国人居留的地方形成了新城区，出现了早期的外国领事馆、洋行、银行、商店、教堂、俱乐部和洋房住宅。它们大体上是一二层楼的砖木混合结构，如为清政府对外贸易机构在广州设立的"十三行商馆"和长春园内建筑的一组西洋楼。

甲午战争后，民族资本主义有了初步发展，居住建筑、公共建筑、工业建筑的主要类型已大体齐备。水泥、玻璃、机制砖瓦等新建筑材料的生产能力有了明显发展，建筑工人队伍壮大了，施工技术和工程结构发展也有了较大提高，相继采用了砖石钢骨混合结构和钢筋混凝土结构。这些都表明了近代中国的新建筑体系已经形成，建筑类型大大丰富。上海汇丰银行和上海江海关大楼即反映了当时的建筑规模和建筑水平。

8. 现代建筑设计探索

20世纪中期以来，我国建筑设计进入现代化发展时期，在建筑的空间、造型、材料、装饰及营造方式等方面都不同于以往盛行的传统建筑形式。我国的现代建筑是在欧洲现代建筑设计运动的影响下，在我国特定社会背景及地区环境下产生的新型建筑设计形式，众多因素的综合作用使得这一时期我国现代建筑在形式及设计思想上均具有不同的类型。

另外，建筑结构形式也逐渐步入现代化。改革开放之前，砖木结构、砖混结构一直是我国房屋建筑的主体，砖瓦在房屋建筑和房屋造价中占据非常重要的地位和比重。改革开放以后，各种新的建筑设计体系应运而生，现代建筑出现了钢结构、剪力墙结构、框架—剪力墙结构以及筒体结构等形式，如今更是提倡节能环保型智能建筑。

（二）国外建筑结构

1. 原始社会的建筑

原始社会的住屋形式是巢居、穴居以及在北美的印第安人的帐篷屋，是人类基本生活的需求。原始人使用木材生土当地的建筑材料建造窝棚。

2. 奴隶社会的建筑

奴隶社会随着人们征服自然和改造自然的能力的增强，建筑的类型、建筑的规模以及建筑的形式出现了巨大的变化。在古代的埃及，人们利用石材建造神庙和陵墓，建筑的结构形式是梁柱体系，古希腊同样继承埃及的梁柱体系，同时由于地域文化的发展演变，希腊人将梁柱发展成具有美的形式，出现古典的三柱式，以及女像柱，两者的形式不同但结构的核心是一致的，均以石材作为基本材料的梁柱体系。由于石材本身的力学性能是抗压能力强于抗弯的能力。所以我们看到埃及、希腊的古建筑的柱距是如此的小，建筑空间也是狭小的。建筑作为单体强调的是外部空间或者建筑的内部狭小空间的神秘化。在希腊建筑往往是作为雕塑来处理的。在古罗马文化时期，随着领地的不断扩张、各种文化的融合和碰撞，罗马人用自己的聪明才智创造了新的结构形式——拱券结构。罗马人利用混凝土这种新建筑材料创造一种新筒形拱形——工交叉拱、十字拱，解决了大跨度屋盖的结构形式，继而获得了连续的复合的建筑空间。建筑也就成了真正意义的建筑，正是在古罗马时代新型建筑材料的出现推动了新的结构形式的产生，进而获得新的较大的人类活动的室内空间。就功能决定形式而言，以上的变化必然带来建筑形式的新的突破。我们在研究建筑历史的过程中可能会发现在罗马的建筑上仍然有希腊建筑的影子，罗马人在建筑形式上仍然沿用希腊的柱式，出现古罗马五柱式，罗马的柱式已经没有了希腊柱式结构上的意义，柱式已经成为壁柱。成为一种装饰，同时由于罗马建筑的体量、建筑的层数的增大，希腊的柱式又在罗马时期演变成券柱式、连续券、巨柱式等多种形式。从古罗马的建筑形式生成之初，它是在古希腊时代的建筑形式范围内发展，直到找到适合新技术的建筑形式的出现。我们常说光荣属于希腊、伟大属于罗马。希腊和罗马创造了古典建筑的文明，开创了欧洲建筑形式的先河。在继承与发展中，结构技术的创新领先于建筑形式的创新。

3. 中世纪的建筑

欧洲的中世纪是神学统治的社会，建筑的类型以教堂为主，高耸的教堂留给我们更多神性的表达，建筑风格更趋于美观，尤其是以哥特时期的建筑最为典型，高耸的向上建筑风格直指上苍，表达着与神的交流与对白。形式的表达继而带来的神性化的想象，赋予了哥特建筑神性的神秘感。我们剖开哥特建筑的形式，寻找带来这种形式美的根源在于中世纪结构技术的发展，在中世纪时期继承了罗马的十字拱的技术，在此基础上将罗马的十字拱发展成为四分类骨拱，同时将单圆心的拱变成双圆心的拱，形成了框架式的双圆心的尖拱，同时拱顶所产生的侧推力由新力学构件飞扶壁传到外侧的横墙上，这样整个结构体系就变成了框架整个的受力过程，屋顶的荷载传递给尖的肋骨拱—柱子（竖向的力）—基础—地基完成，而拱所产生的水平向的推力传到侧墙—传到基础—地基。这时配合肋骨拱柱子也形成了束柱的形式，摆脱了古典的柱式，达到中世纪哥特式教堂的结构与形式的完美结合。

4. 资本萌芽与绝对君权时期的建筑

在这段历史时期主要包含文艺复兴建筑，法国古典主义建筑——巴洛克建筑，在这段历史时期建筑的结构形式并没有较大的改变，设计师在考古等领域的发展的带动下形成了对古典文化建筑的热衷与模仿，创造了具有特色的文艺复兴建筑，法国古典主义建筑——巴洛克建筑，从早期的对古典建筑的模仿、创新到晚期的巴洛克建筑的推器烦琐变形，反映出形式主义已经走入末端，设计师不顾及形式美的产生的动力在于结构技术的变化，这个时期的人们试图创造出新的形式，无奈由于结构的不改变，所以形式的变化是表面的，是化妆术，不会出现脱胎换骨的变化。

伴随着 1860 年英国资产阶级革命的产生，建筑界又出现了前所未有的变化，这种变化是由于新的建筑材料的出现，也就是伴随着机械化时代工业发展提供的大量的人工材料。由质地纯正的、经实验鉴定的、用一定原材料生产的人工材料代替质地混杂的、不可靠的材料，例如，型钢和更加新的钢筋混凝土都是计算的纯粹结果，它们精确地、充分地利用材料。由此带来了建筑形式的新变化，体现到了大框架的建筑上面。伴随着新材料，考虑到墙和窗子的构造，最终的结果是一米厚墙上的天然优质石头被轻质的煤渣空心薄墙壁等取代。钢和钢筋混凝土对机械化时代现代建筑的发展有着极重要的影响，钢结构的材料和结构特性与木结构颇多相通之处，而混凝土却与此不同，其构件在连接（浇筑）之后，融为一体，是化学式的连接。钢构件通常也非常适于线性地使用和表现"线的构成"。除了钢和钢筋混凝土材料以外，合成树脂、塑料、金属等作为基本材料与由玻璃纤维等作为增强剂制成的复合建筑材料在机械化时代也日渐普遍，而且其性能也越来越好，用这些材料制成的型材、线材等工业组合建筑制品，也能超越技术美而升华为科学美的审美感受。

5. 现代建筑形式的迅猛发展

数字化信息时代的建筑材料将变得日益复杂，集成技术用于建筑材料是数字化信息时代材料科学发展的基本趋势，纳米技术也为材料的集成化提供了技术基础。但是，到目前为止，这种集成化的材料还没有发展成熟，准确地说现在这种材料是以"构件系统"的方式表现的。

现代建筑的经典作品中，不少也是新科技、新材料的使用产生的建筑形式美，采用玻璃墙的西柏林新国家美术馆，从建筑平面和立面上来看，都具有浓厚的古典庙堂的气氛，但与帕提农神庙等古典庙堂截然不同的是它所使用的材料——钢材而非石料，于是建筑以相似的形式给人以完全不同的审美感受。采用光电幕墙技术的英国利物浦基础物理研究院、德国哈姆尔城市大厦满足了恶劣天气对幕墙的所有要求，也满足了建筑的物理需求，比如阻燃、保暖、隔热等，而且可以把光能转换成电能。光电幕墙加装了光电模板后，可代替抛光的自然建材，并且在光电幕墙的生产、使用直至报废时都可以实现对环境的无污染。光电板成分中没有有毒物质，不会在建筑物起火时出现任何诸如释放有毒气体等危险。而采用气凝胶玻璃板的巴伐利亚的建筑事务所可以使日光均匀分布于更大进深的室内，而且有效地避免了眩光。

可以推测，一旦某种建筑材料集中了多种功能，建筑形式也将发生相应的变化。例如，以上两种材料作为建筑外墙材料以后，建筑外墙形式变得更加轻盈、通透，整个建筑形式也跟随着发生了变化。

各个历史时期，结构技术影响了建筑形式，运用于建筑中的技术的发展与技术本身的发展并非同步的，而且在建筑中各类技术相互结合的程度也不同，在对建筑的形式的决定作用中所占比例也不尽相同。目前，数字化技术正在向建筑领域渗透，建筑形式所涉及的技术内容将变得比以前任何一个时期更加丰富，更新的速度也更加迅速。跟最新的科学技术结合起来，跟最先进的生产力结合起来，这是建筑发展的大方向。本文通过强调建筑形式与技术的密切关系，是期望通过对技术对建筑形式客观作用规律的肯定，使建筑设计师充分认识到技术对于建筑形式创作的重要意义，在实践中关注技术的动态，将建筑技术研究、设计、生产同新技术相结合，以发展为目标，探索用于建筑的新技术，铺筑建筑形式的发展道路，撰写人类建筑史上新的辉煌。

二、结构形式的演变

（一）建筑结构形式的发展趋势

建筑结构是指在建筑物（包括构筑物）中，由建筑材料做成用来承受各种荷载或者作用，以起骨架作用的空间受力体系。建筑结构因所用的建筑材料不同，可分为木结构、砌体结构、混凝土结构、钢结构等。

1. 木结构

在中国古代建筑惯用木构架作房屋的承重结构。木结构是单纯由木材或主要由木材承受荷载的结构，通过各种金属连接件或榫卯手段进行连接和固定。中国是最早应用木结构的国家之一。木结构约在西元前的春秋时期已初步完备，在唐朝形成一套严整的制作方法，到了汉代发展得更为成熟。现今社会成片的木结构房屋需要大量的木材，需要砍伐大量的树木，在中国，随着"天保"工程的实施，大部分地区已严禁砍伐树林，针对长期以来我国天然林资源过度消耗而引起的生态环境恶化的现实，所以木结构并不适合在我国长期发展。

2. 砌体结构

新中国成立以后砌体结构在中国应用很广泛。砌体结构是由块材和砂浆砌筑而成的墙、柱作为建筑物主要受力构件的砌体为主制作的结构称为砌体结构，它包括砖结构、石结构和其他材料的砌块结构。砌体结构是最古老的一种建筑结构，在我国也有着悠久的历史和辉煌的纪录，例如历史上举世闻名的万里长城，它是两千多年前用"秦砖汉瓦"建造的世界上最伟大的砌体工程之一。在 1949 年中华人民共和国成立后，砌体结构得到很大的发展和广泛的应用，住宅建筑、多层民用建筑大量采用砖墙承重。中小型单层工业建筑和多层轻工业建筑也常采用砖墙承重。但是与钢和混凝土相比，砌体的强度较低，因而构件的截面尺寸较大，材料用量多，自重大，并且砌体的砌筑基本上是手工方式，需要大量的劳动力，而砌体的抗拉、抗剪强度都很低，因而抗震较差，在使用上受到一定限制。

3. 混凝土结构

混凝土结构，以混凝土为主制作的结构。包括素混凝结构、钢筋混凝土结构和预应力混凝土结构等。从现代人类的工程建设史上来看，相对于砌体结构、木结构而言，混凝土结构是一种新兴结构，它的应用也不过一百多年的历史。在 19 世纪末 20 世纪初，我国开始有了钢筋混凝土建筑物，如上海市的外滩、广州市的沙面等，但工程规模很小，建筑数量也很少。新中国成立以后，我国在落后的国民经济基础上进行了大规模的社会主义建设。

经过近十几年我国工程建设的快速发展及国家进一步的改革开放，混凝土结构在我国各项工程建设中得到迅速的发展和广泛的应用。但混凝土结构施工工序复杂，周期较长，且受季节和气候的影响较大，如遇损伤，则修复比较困难。

4. 钢结构

钢结构是用钢板和热轧、冷弯或焊接型材（工字钢、型钢、压型钢板等）通过连接件（螺栓、高强螺栓等）连接而成的能承受荷载、传递荷载的结构形式。建筑钢结构行业具体又可以细分为空间钢、重钢、轻钢等领域，主要用于建造大跨度和超高、超重型的建筑物。20 世纪 90 年代后期随着国民经济的发展和钢铁工业跨越式发展，在学习吸收了国外先进的技术和理念后，整体水平已有了很大的提高，国内钢结构产业也呈现了从未有过的兴旺景象。但是与发达国家钢结构行业发展水平相比，我国的钢结构发展水平仍然较低，仍有较大的发展空间。

（二） 建筑结构形式的产生

自从有了人类，当天然洞穴不能满足日益增加的人口所需的遮风避雨、防止野兽侵袭的时候，人们开始采用树枝、石块来搭建棚穴，房屋建筑就应运而生了。房屋建筑是人类向自然界作斗争的产物，几千年来不断发展、日新月异。人们每时每刻的生产生活都与房屋建筑密不可分，大街小巷高楼林立，耳濡目染，都是形形色色的房屋建筑。

建筑结构（ Building Structure ）是房屋建筑的空间受力骨架体系，它由结构构件（梁、板、墙、柱和基础）组成，是建筑物得以存在的基础。

一般来讲，结构在服务建筑上主要有四个方面的使命：①空间的构成者：如各类房间、通道以及各种构筑物，反映的是人类对物质生活的需要。②体型的展示者：建筑是历史、文化、艺术的产物，各种形状的建筑物都要用结构来展现，反映的是人类对精神生活的需求。③荷载的传承者：承载着建筑物的各种荷载并有效地传递到地基上，使建筑物保持良好的使用状态。④材料的利用者：结构是以各种材料为物质基础的（如钢结构、木结构、钢筋混凝土结构等）。

由此可见，建筑结构的功能首先是骨架所形成的空间，能良好地为人类生活与生产服务，并满足人类对美观的需求，为此须选择合理的结构形式。其次是应合理选择结构的材料和受力体系，充分发挥材料的作用，使结构具有抵御自然界各种作用的能力，如结构自重、使用荷载、风荷载和地震作用等。此外，建筑结构必须适应当时当地的环境，并与施工方法有机结合，因为任何建筑工程都受到当时当地政治、经济、社会、文化、科技、法规等因素的制约，任何建筑结构都是靠合理的施工技术来实现的。因此，一个优质的建筑结构应具有以下特色：①在应用上，要满足空间和多项使用功能的需求。②在安全上，要完全符合承载、变形、稳定的持久需要。③在造型上，要能够与环境规划和建筑艺术融为一体。④在技术上，要力争体现科学、工程和技术的新发展。⑤在建造上，要合理用材、节约能源、与施工实际密切结合。

（三） 大跨度结构体系

古希腊宏大的露天剧场遗迹表明，人类大约在两千多年以前，就有扩大室内空间的要求。从建筑历史发展的观点来看，一切拱形结构包括各种形式的券、筒形拱、交叉拱、穹隆的变化和发展，都可以说是人类为了谋求更大室内空间的产物。

从梁到三角券可以说是拱形结构漫长发展过程的开始，尽管这种券还保留着很多梁的特征，但是它毕竟向拱形结构迈出了第一步。拱形结构在承受荷重后，除产生重力外，还要产生横向的推力，为保持稳定，这种结构必须有坚实、宽厚的支座。穹隆结构也是一种古老的大跨度结构形式，早在公元前 14 世纪建造的阿托雷斯宝库所运用的就是一个直径为 14.5m 的叠涩穹隆。早期半球形穹隆结构的重力是沿球面四周向下传递的。

在大跨度结构中，结构的支承点越分散，对于平面布局和空间组合的约束性就越强；反之，结构的支承点越集中，其灵活性就越大。从罗马时代的筒形拱演变成高直式的尖拱拱肋结构；从半球形的穹隆结构发展成带有帆拱的穹隆结构，都表明由于支承点的相对集中而给空间组合带来极大的灵活性。

桁架也是一种大跨度结构，桁架结构的最大特点是把整体受弯转化为局部构件的受压或受拉，从而有效地发挥出材料的潜力并增大结构的跨度。桁架结构虽然可以跨越较大的空间，但是由于它本身具有一定的高度，而且上弦一般又呈两坡或曲线的形式，所以只适合于当作屋顶结构。

在平面力系结构中，除桁架外，刚架也是近代建筑常用的大跨度结构。刚架结构根据弯矩的分布情况而有与之相应的外形——弯矩大的部位截面大，弯矩小的部位截面小，这样就充分发挥了材料的潜力，因此刚架可以跨越较大的空间。

第二次世界大战以后，国外某些建筑师、工程师从某些自然形态的东西——鸟类的卵、贝壳、果实等物体中受到启发，进一步探索新的空间薄壁结构，不仅推动了结构理论的研究，而且促进了材料朝着轻质高强的方向发展，致使结构的跨度越来越大，厚度越来越薄、自重越来越轻，材料的消耗越来越少。在这些空间薄壁结构中，折板和壳用得最普遍。

用轻质高强材料做成的结构，若按强度计算，其剖面尺寸可以大大减小，但是这种结构在荷载的作用下，却容易因变形而失去稳定并导致最后破坏。壳体结构正是由于具有合理的外形，不仅内部应力分配合理、均匀，而且可以保持极好的稳定性，所以壳体结构尽管厚度极小却可以覆盖很大的空间。

悬索结构也是在第二次世界大战以后逐渐发展起来的一种新型大跨度结构。由于钢的强度很高，很小的截面就能够承受很大的拉力，悬索在均布荷载作用下必然下垂而呈悬链曲线的形式，索的两端不仅会产生垂直向下的压力，而且还会产生向内的水平拉力。为了支承悬索并保持平衡，必须在索的两端设置立柱和斜向拉索，以分别承受悬索所给予的垂直压力和水平拉力。单向悬索的稳定性很差，特别是在风力的作用下，容易产生振动和失稳。

网架结构也是一种新型大跨度空间结构，它具有刚性大、变形小、应力分布较均匀的特点，能大幅度地减轻结构自重和节省材料等优点。网架结构可以用钢、木和钢筋混凝土来制作，具有多种多样的形式，使用较灵活，便于建筑处理。组成网架结构最基本的单位均为四角锥或三角锥，这种锥体由若干钢管所组成。

（四）桁架结构体系

桁架是指由直杆在端部相互连接而组成的格构式体系。桁架结构的特点是受力合理、计算简单、施工方便、适应性强，对支座没有横向力。因此在结构工程中，桁架常用来作为屋盖承重结构，常称为屋架。屋架的主要缺点是结构高度大，侧向刚度小。结构高度大，不但增加了屋面及围护墙的用料，而且增加了采暖、通风、采光等设备的负荷，对音质控制也带来困难。桁架侧向刚度小，对于钢桁架特别明显，因为受压的上弦平面外稳定性差，也难以抵抗房屋纵向的侧向力，这就需要设置很多支撑。一般房屋纵向的侧向力并不大，但钢屋架的支撑很多，都按构造（长细比）要求确定截面，故耗钢不少，未能材尽其用。桁架结构主要由上弦杆、下弦杆和腹杆三部分组成。

桁架结构的形式很多，根据材料的不同，可分为木桁架、钢桁架、钢—木组合桁架、钢筋混凝土桁架等。根据桁架屋架形的不同，有三角形屋架、平行弦屋架、梯形屋架、拱形桁架、折线形屋架、抛物线屋架等。根据结构受力的特点及材料性能的不同，也可采用桥式屋架、无斜腹杆屋架或刚接格架、立体桁架等。我国常用的屋架有三角形、矩形、梯形、拱形和无斜腹杆屋架等多种形式。

从受力特点来看，桁架实际是由梁式结构发展产生的。当涉及大跨度或大荷载时，若采用梁式结构，即便是薄腹梁，也会因为是受弯构件很不经济。因为对大跨度的简支梁，其截面尺寸和结构自重急剧增大，而且简支梁受荷后的截面应力分布很不均匀，受压区和受拉区应力分布均为三角形，中和轴处应力为零。桁架结构正是考虑到简支梁的这一应力特点，把梁横截面和纵截面的中间部分挖空，以至于中间只剩下几根截面很小的连杆时，就形成"桁架"。桁架工作的基本原理是将材料的抵抗力集中在最外边缘的纤维上，此时它的应力最大，而且力臂也最大。

桁架杆件相交的节点，一般计算中都按铰接考虑，所以组成桁架的弦杆、竖杆、斜杆均受轴向力，这是材尽其用的有效途径，从桁架的总体来看，仍摆脱不了弯曲的控制，相当于一个受弯构件。在竖向节点荷载作用下，上弦受压，下弦受拉，主要抵抗弯矩，腹杆则主要抵抗剪力。

尽管桁架结构中的杆件以轴力为主，其构件的受力状态比梁的结构合理，但在桁架结构各杆件单元中，内力的分布是不均匀的。屋架的几何形状有平行弦屋架、三角形、梯形、折线形和抛物线形等，它们的内力分布是随形状的不同而变化的。

第三节 现代工程结构的设计方法探索

一、现代工程结构设计方法发展过程

(一) 容许应力法

1826 年提出了一种传统的工程结构设计方法——容许应力法，它假设材料为均匀弹性体，通过分析结构上受到的外界作用，计算出构件危险截面上的应力分布，确定关键点上的工作应力值不超过材料的容许应力，其容许应力值是将材料强度除以大于 1 的安全系数得到的。这种方法的主要依据是结构分析理论和材料、构件的试验成果以及荷载测试，安全方面则主要取决于安全系数的取值。

容许应力法曾为桥梁工程的发展作出了重要贡献。英国于 1890 年建成的主跨 521m 的福斯双线铁路悬臂钢桁架桥梁，标志着结构力学分析和容许应力设计方法应用于桥梁工程界的巨大成功。

容许应力设计表达形式简单，计算方便，易于掌握，沿用了 100 多年。在应力分布不均匀的情况下，如采用受弯构件、受扭构件或静不定结构，用这种设计方法比较保守。但由于单一安全系数是一个笼统的经验系数，因此给定的容许应力不能保证各种结构均具有比较一致的安全水平，也未考虑荷载增大的不同比率或具有异号荷载效应情况对结构安全的影响。

(二) 破损阶段设计方法

20 世纪初，开始了对钢筋混凝土构件考虑材料塑性性能的研究。苏联在 1938 年颁布了世界上第一个按破损阶段设计钢筋混凝土构件的规范，标志着钢筋混凝土构件承载力计算的使用方法进入了一个新的发展阶段，即破损阶段设计方法。20 世纪 30 年代以后，在钢筋混凝土超静定结构中考虑塑性内力重分布的计算理论也取得了很大进展，从 20 世纪 50 年代开始，该理论已在双向板、连续梁及框架的设计中得到了应用。

破损阶段设计方法的基本原理是使结构达到破损阶段时的计算承载能力不低于标准荷载引起的构件内力与安全系数的乘积。这种方法考虑了材料的塑性变形性能，可以充分发挥材料的潜力，其极限荷载可直接由实验验证，给出了一个清晰简明的总安全度概念。

（三）极限状态设计方法

20 世纪 40 年代，美国学者提出了结构失效概率的概念。20 世纪 50—60 年代，世界各国逐步采用半经验半概率的极限状态设计法。20 世纪 70 年代以来，以概率论数理统计学为基础的结构可靠度理论有了很大的发展，使结构可靠度的近似概率法进入了工程设计中。国际标准化组织提出了基于结构可靠度理论的设计原则。世界许多国家开始采用结构可靠度理论制定结构设计规范，极限状态法逐步成为结构设计理论发展的主流趋势。

极限状态设计方法基于概率论和结构可靠度理论，考虑了影响结构安全的各种因素，并通过概率统计方法和可靠度指标将各种影响因素转化为多个分项安全系数，以极限状态为结构的设计状态，用概率论处理结构的可靠性问题，极限状态分为承载力极限状态和正常使用极限状态。这种方法更加全面地考虑了影响结构安全的各种因素的客观变化和差异，使得设计参数更加合理，让安全性和经济性得到了更好的协调统一。

二、基于概率理论的极限状态设计方法

（一）概率极限状态设计法的概念

极限状态是结构或其构件能够满足前述某一功能要求的临界状态。超过这一界限，结构或其构件就不能满足设计规定的该项功能要求而进入失效状态。在进行结构设计时，应针对不同的极限状态，根据结构的特点和使用要求给出具体的极限状态限值，以作为结构设计的依据。这种以相应于结构各种功能要求的极限状态作为结构设计依据的设计方法，就称为"极限状态设计法"。

荷载产生的作用效应为 S_d，结构抵抗或承受荷载效应的能力称为结构抗力，记为 R_d，则：

$S_d<R_d$，表示结构能完成各项预定功能，结构处于可靠状态；

$S_d>R_d$，表示结构不能完成各项预定功能，结构处于失效状态；

$S_d=R_d$，表示结构处于极限状态。

从概率的观点来看，只要结构处于 $S_d>R_d$，失效状态的失效概率足够小，我们就可以认为结构是可靠的。

概率极限状态设计法，就是通过控制结构达到极限状态的概率，即控制失效概率的设计方法。

（二）极限状态实用设计表达式

（1）承载能力极限状态实用设计表达式。结构构件在进行承载能力极限状态设计时应采用的实用设计表达式为：

$$\gamma_0 S_d < R_d$$

式中 γ_0——结构的重要性系数，对安全等级为一级、二级、三级的结构构件，应分别取 1.1、1.0、0.9；

S_d——荷载组合的效应设计值；

R_d——结构构件抗力的设计值。

当结构上同时作用有多种可变荷载时，需要考虑荷载效应组合的问题。荷载效应组合是指对所有可能同时出现的各种荷载进行组合。在不同的荷载组合产生的荷载效应值中，应取对结构构件产生最不利的一组进行计算。荷载效应组合分为基本组合与偶然组合两种情况。

第一，对于基本组合的效应设计值应从以下两种组合中取最不利值确定：

①由可变荷载控制点的效应设计值，应按下式进行计算：

$$S_d = \sum_{j-1}^{m} \gamma_{G_j} S_{G_{jk}} + \sum_{i-2}^{n} \gamma_Q \gamma_{L_i} \psi_{C_i} S_{Qk}$$

式中 γ_{G_j}——第 j 个永久荷载的分项系数；

γ_Q——第 i 个可变荷载的分项系数，其中 γ_{Q_1} 为主导可变荷载 Q_1 的分项系数；

γ_{L_i}——第 i 个可变荷载考虑设计使用年限的调整系数，其中 γ_{L_i} 为主导可变荷载 Q 考虑设计使用年限的调整系数（表 1-1）；

$S_{G_{jk}}$——按第 j 个永久荷载标准值 G_j 计算的荷载效应值；

S_{Qk}——按第 i 个可变荷载标准值 Q_{ik} 计算的荷载效应值，其中 S_{Qk} 为诸可变荷载效应中起控制作用者；

ψ_{C_i}——第 i 个可变荷载 Q_i 的组合值系数；

m——参与组合的永久荷载数；

n——参与组合的可变荷载数。

表 1-1 可变荷载考虑设计使用年限的调整系数 γ_{L_i}

结构设计使用年限/年	5	50	100
γ_{L_i}	0.9	1.0	1.1

②由永久荷载控制的效应设计值，应按下式进行计算：

$$S_d = \sum_{j-1}^{m} \gamma_{G_j} S_{G_{jk}} + \sum_{i-1}^{n} \gamma_Q \gamma_{L_i} \psi_{G_i} S_{Qk}$$

第二，荷载偶然组合的效应设计值 S_d 可按下列规定采用：

①用于承载能力极限状态计算的效应设计值，应按下式进行计算：

$$S_d = \sum_{j=1}^{m} S_{G_{jk}} + S_{A_d} + \psi_{I_1} S_{Qk} + \sum_{i=2}^{n} \psi_{Q_i} S_{Qk}$$

式中 S_{A_d} ——按偶然荷载标准值 A_d 计算的荷载效应值；

ψ_{I_1} ——第 1 个可变荷载的频遇值系数；

ψ_{Q_i} ——第 i 个可变荷载的准永久值系数。

②用于偶然事件发生后受损结构整体稳固性验算的效应设计值，应按下式进行计算：

$$S_d = \sum_{j=1}^{m} S_{G_{jk}} + \psi_{I_1} S_{Qk} + \sum_{i=2}^{n} \psi_Q S_{Qk}$$

（2）正常使用极限状态实用设计表达式。结构构件在进行正常使用极限状态设计时应采用的实用设计表达式为：

$$S_d \leqslant C$$

式中 C ——结构或结构构件达到正常使用要求的规定限制，例如变形、裂缝等的限值，应按各有关建筑结构设计规范的规定采用。

对于正常使用极限状态，应根据不同的设计要求，采用荷载的标准组合、频遇组合或准永久组合。

第二章 建筑结构设计的基本原理

"强烈地震是世界最严重的自然灾害之一，它在极短的时间内给人类社会造成了巨大的损失。一次又一次的地震灾难及教训，警示人们：防震减灾任重道远，刻不容缓！为了减轻房屋建筑的地震破坏，避免人员伤亡，减少经济损失，在抗震设防区的房屋建筑必须进行抗震设防。"[①]

第一节 建筑结构抗震设防及概念设计

一、地震特性

（一）地震的类型

地震可以根据其成因、特点、研究的需要等因素，划分出不同的类型。

（1）按地震成因类型划分，可将地震划分为天然地震和人工地震。天然地震又可以进一步分为构造地震、火山地震和诱发地震。

构造地震，又称为断裂地震，是由于地下深处岩石受到应力作用后，突然破裂所引起的。在地球浅部，温度和压力都相对较低，岩石整体表现为脆性。地球表面又同时处于不停的水平运动，岩石受到挤压力的作用会发生变形。当岩石受力超过了承受能力之后，岩石就会发生突然的破裂，产生地震。构造地震占全球地震的90%以上，分布范围最广，破坏力最大。构造地震通常由三种主要类型的断层发生相对运动所引发，分别是两个块体发生水平相对运动的走滑断层，为剪切应力状态；断层上盘向上运动、下盘向下运动的逆冲断层，为挤压应力状态；断层上盘向下运动、下盘向上运动的正断层，为拉张应力状态。

---

① 张小云. 建筑抗震 [M]. 北京：高等教育出版社，2003：2~3.

火山地震是火山活动过程中产生的地震。火山活动主要以岩浆运移为主，岩浆中携带了大量的流体和高压气体。一方面，岩浆沿火山下方裂隙运移的过程中会改变裂隙的力学性质，同时岩浆向地表运移时压力降低，岩浆体积增大，都有可能触发地震；另一方面，岩浆携带的高压气体爆裂，也是触发地震、释放能量的过程。火山地震占世界地震总数的7%左右，其震级小，波及范围也较小，通常只是在火山周围地区有较显著的影响。

诱发地震是由于人类活动造成地球内部局部失稳导致的地震，前提是地球内部已经积聚了足够的能量。比如水库蓄水、矿山开采、油田抽油注水等活动，都可能诱发地震。虽然此类地震有人为的因素，但被诱发的地震活动往往是在相当长一段时间后才出现。同时，这类地震的震级也相对较小。1967年12月11日，印度科依纳水库诱发了一次6.5级地震，是现在已知的最大的诱发地震。

人工地震是因工程需要主动创造的地震，主要通过地下核爆炸、炸药爆破等方式触发。与诱发地震不同，人工地震产生地震所需要的能量也是人为制造的。人工地震是人类利用地震为生产生活服务的重要体现。

（2）按地震发生的深度分类，地震可以大致分为浅源地震、中源地震和深源地震，对应的地震深度分别为0~70km、70~300km、300~700km。一般来讲，天然地震的发生需要岩石发生脆性破裂。随着深度增加，地球内部温度逐渐升高，到650℃左右（约20km），岩石逐渐失去脆性，变为塑性，将难以发生地震。因此，地震主要发生在地壳特别是中上地壳，也就是浅源地震，它们约占全球地震总数的90%。世界上破坏性最大的地震都属于浅源地震，震源多集中在地表以下5~20km的深度范围内，如唐山地震的震源深度为12km，汶川地震的震源深度为14km。但在一些俯冲带地区，地表冷的岩石圈下插到热的上地幔中，岩石圈中部在一定时间内保持较低的温度，在应力的作用下也能产生地震，这些地震的深度可以一直延伸到700km左右。中深源地震释放的能量可占到地震释放总能量的10%左右。

（3）按震中距（地震与观测点间的距离），可以将地震简单地分为地方震（震中距小于100km）、近震（震中距100~1000km）和远震（震中距大于1000km）。

（4）依据震级大小分类，是最常见的分类。不过，全球对地震强度的划分并没有严格统一的标准，我国一般将地震分为小地震（震级小于3.0级）、有感地震（震级3.0~4.5级）、中强地震（震级4.5~6.0级）、大地震（震级6.0~8.0级）、巨大地震（震级超过8.0级）。今天人们在开发页岩里的油气时，通过注水压裂页岩，会产生极微小的地震，一般称为微地震。

（5）2012年发布的《国家地震应急预案》中，根据地震造成的破坏程度划分，地震灾害分为特别重大、重大、较大、一般四级。①特别重大地震灾害是指造成 300 人以上死亡（含失踪），或者直接经济损失占地震发生地省（区、市）年国内生产总值 1% 以上的地震灾害。人口较密集地区发生 7.0 级以上地震，人口密集地区发生 6.0 级以上地震，初判为特别重大地震灾害。②重大地震灾害是指造成 50 人以上、300 人以下死亡（含失踪）或者造成严重经济损失的地震灾害。人口较密集地区发生 6.0 级以上、7.0 级以下地震，人口密集地区发生 5.0 级以上、6.0 级以下地震，初判为重大地震灾害。③较大地震灾害是指造成 10 人以上、50 人以下死亡（含失踪）或者造成较重经济损失的地震灾害。人口较密集地区发生 5.0 级以上、6.0 级以下地震，人口密集地区发生 4.0 级以上、5.0 级以下地震，初判为较大地震灾害。④一般地震灾害是指造成 10 人以下死亡（含失踪）或者造成一定经济损失的地震灾害。人口较密集地区发生 4.0 级以上、5.0 级以下地震，初判为一般地震灾害。

（二）地震波及其分类

1849 年英国科学家斯托克斯（G. H. Stokes）证实地震时产生两种弹性波，一种是压缩波或膨胀波，其质点振动方向与传播方向一致，称为纵波；另一种是剪切波，其质点振动方向与传播方向垂直，称为横波。由于纵波和横波都是在物体内部传播，因此，它们被称为体波。还有一种地震波只在地球表面或地球内部物理界面附近传播，称为面波。

我们比较熟悉的波动是水波。当向池塘里扔一块石头时水面被扰乱，以石头入水处为中心有波纹向外扩展。这个波列是水波附近的水的颗粒运动造成的，然而水并没有朝着水波传播的方向运动。如果水面浮着一个软木塞，它将上下浮动，并不会从原来位置移走。这个扰动由水粒的简单前后运动连续地传下去，从一个颗粒把运动传给更前面的颗粒。这样，水波携带石击打破的水面的能量向池边运移并在岸边激起浪花。地震运动与此相当类似。我们感受到的摇动就是由地震波的能量产生的弹性岩石的震动。

纵波的物理特性恰如声波。声波，乃至超声波，都是在空气内由交替的挤压（推）和扩张（拉）而传递。因为流体（如液体、气体）和固体岩石一样能够被压缩，因而纵波能在流体（如海洋和湖泊）及固体地球中穿过。地震时，纵波从震源处向四周传播，通过交替挤压和扩张穿过岩石，其质点在这些波传播的方向上向前和向后运动，换句话说，这些质点的运动是垂直于波前面的。由于这种类型的波首先（Primary）到达地表，因而又被称为 P 波。

对于横波来说，由于横波通常以续至（Secndary）波的形式出现，因而又被称为 S 波。地震波在弹性介质与流体介质（包括空气及液体）中的传播特征有所不同。在外力的作用下，流体可以发生压缩或膨胀，但不能产生剪切，因而在流体中只有纵波才能通过，而横波是不能在流体中传播的；弹性物质在外力的作用下既可以发生压缩或膨胀，也可以产生剪切与扭动，因而，纵波与横波均可在弹性介质中进行传播。因此，根据纵波和横波这种截然不同的传播特征，可以研究地球深部流体带的存在。

S 波具有偏振现象。当 S 波穿过地球时，它们遇到构造不连续界面时会发生折射或反射，并使其振动方向发生偏振。当发生偏振的 S 波的岩石质点仅在水平面中振动时，称为 SH 波；当岩石质点在包含地震波射线的垂直平面里振动时，这种 S 波称为 SV 波。

当 P 波和 S 波到达地球的自由表面或某一物理界面时，在一定条件下会产生其他类型地震波，这些波沿界面传播，而且质点的振动振幅随深度的增加而逐渐减小，因而称其为面波。根据质点振动特征，将其分为勒夫波和瑞利波。

勒夫波是地震面波中最简单的一种类型。它是英国数学家勒夫（Augustus Edward-Hough Love）于 1911 年首次发现并进行描述的，因而被称为勒夫波。勒夫波的质点运动类似 SH 波，运动没有垂向位移，质点振动方向垂直于传播方向。相反，瑞利面波的质点在地震波传播方向上的垂直平面内做逆进的椭圆运动，于 1885 年首先由英国实验、理论物理学家瑞利（Lord John William Strutt Rayleigh）发现，故命名为瑞利波。勒夫波和瑞利波的速度总比 P 波小，也比 S 波的速度小一些。

（三）地震灾害

地震灾害早在我国《诗经·小雅》中就有描述："烨烨震电，不宁不令，百川沸腾，山冢崒崩，高岸为谷，深谷为陵。"其后在史书地方志上均记载了地震引起的地表变化、人工设施破坏及火灾、水灾、环境污染、疾病传染等次生灾害造成的人畜伤亡和社会经济损失。我国自 20 世纪以来，发生过许多次 7 级以上大地震，带来了严重的灾难。特别是 1966 年至 1976 年，发生了多次 7 级以上大地震，多发生在东经 98°以东的人口稠密地区，据统计死亡近 30 万人，其中唐山地震发生在现代城市地区，一次死亡 24.2 万人和重伤 16.4 万人，震后唐山城区的建筑所剩无几，成了一片废墟。造成的灾害之重和损失之大，在我国地震史上是空前的，在世界地震史上也是罕见的。2008 年的汶川 8 级地震，造成了巨大的损失，其中遇难 6.9 万人、受伤 37.4 万人和失踪 1.8 万人。

一般来说只有较大的地震（5、6 级以上）才会带来一些灾害。实际上，地震造成的破坏主要表现在三个方面，即地震引起的地表变化、工程破坏和次生灾害。

1. 地震引起的地表变化

（1）地裂缝

地震时地面产生裂缝是比较普遍的现象。地震引起的地面裂缝主要有构造性地裂及重力型地裂。构造性地裂是地下断层的错动连带地面的岩层发生相对位移而形成的地面新断裂，地裂缝与地下断层走向一致，其形成与断层的力学机制有关，一般规模较大，形状也比较规则，常呈带状出现（由数条雁行排列的裂缝组成），裂缝延续可达几千米至几十千米，带宽几米至几十米。每条地裂缝常由"S"形的裂缝组成，其变形有"张裂"、"锯齿状"、菱形等。重力型地裂是在故河道、湖河堤岸边、坡边和田地场院等处，由于土的结构不均匀，土坡不稳定，或由于地下有液化层而引起的交错、大小形状不一的地裂缝，规模也较前一种小。地裂缝穿过公路、房屋时常使它们遭受破坏。

（2）滑坡塌方

在陡峻的山区，在强烈地震的摇动下，由于陡崖失稳常引起塌方山坡滑移、山石滚落等现象。大的塌方有时会导致公路阻塞和捣毁村寨，个别也有阻塞河流积水成湖的情形。1933年四川叠溪地震，山崩堵塞河道，形成四个地震湖，后溃决成灾，被水冲没2500余人。1920年宁夏海原地震，黄土大量滑坡，各种大小不等的滑坡体在河谷上形成一系列的"堰塞湖"。2008年汶川地震，北川城地处两山之间，遭受大面积山体滑坡而使大量建筑毁坏；在唐家山处，由于巨大的山体滑坡形成了堰塞湖。

（3）喷砂冒水（砂土液化）

在沿海或地下水位较高的地区，地震波的强烈震动使含水层受到挤压，地下水往往从裂缝或土质松软的地方冒出地面，在有砂层的地方则夹带砂子喷出形成喷砂冒水现象。

地下水位以下的较松散的砂土、轻亚黏土在突然发生的地震动力作用下土颗粒间有压密趋势，孔隙水来不及排除，使孔隙水压力增高，抵消了颗粒间的有效压力，因而土的抗剪强度急剧下降，甚至趋近于零，土颗粒呈悬浮状态，形成如同"液体"一样的现象，称为砂土液化。液化发生后，受压的孔隙水有可能冲破上覆的土层冒出地面。历史上的地震记载均有喷砂冒水的现象，实际上是砂土液化的一种标志。

砂土液化使地基丧失承载能力，导致房屋下沉或倾倒。1964年日本新潟地震发生后数分钟，许多建筑物逐渐倾斜以至倾倒，人们从窗户爬出屋外，而房屋结构基本无损。1964年美国阿拉斯加州地震在安克雷奇市沿海发生大规模的海岸滑坡。1976年唐山地震在靠近北京的密云水库，大坝的迎水面滑移，都是由于砂土液化引起的。1999年台湾集集地震也有多处发生喷砂冒水现象。

（4）海啸

海啸是地震发生在海底时，造成海底的滑移或海底平面的变化，扰动海洋产生巨浪冲上陆地的现象。巨浪跨越海面时，在广阔的海洋面上不易察觉，一旦到达海岸，且海岸有一定曲度和坡度时，巨大的波浪就会产生多次干涉作用，最终形成异常凶猛的惊涛骇浪，以不可抗拒的力量冲刷海岸，淹没陆地。海啸多发生在环太平洋海域，其中阿留申至千岛和智利海沟一带发生大地震引起的海啸特别大。1960年发生在海底的智利大地震，引起海啸，除吞噬了智利中南部沿海房屋外，海浪从智利沿海以每小时640km的速度横扫太平洋，22h之后袭击了距智利17 000km的日本，使本州和北海道的海港设备和码头建筑遭到严重的破坏，巨大轮船被抛上陆地。我国历史上也有地震引起海啸的记载，唯其规模不大。当然并不是所有的海底地震都引起海啸。2004年12月26日印度尼西亚苏门答腊岛安达曼海附近海域发生的9.0级地震，并引发特大海啸，海啸造成12个国家30多万人员死亡。

2. 建筑物的破坏

（1）结构丧失整体性

房屋建筑或其他建筑物都是由许多构件组成的，在强烈地震作用下，构件连接不牢，支承长度不够和支撑失效都会使结构丧失整体性而出现倒塌破坏。汶川地震造成映秀镇漩口中学框架结构教学楼倒塌。

（2）承重结构承载力不足引起破坏

任何承重构件都有各自的特定功能，以承受一定的外力作用。对于设计时没有考虑地震影响或者设防不足的结构，在地震作用下，不仅构件所承受的内力将突然加大许多倍，而且往往还要改变其受力方式，致使构件因强度不足或者变形过大而破坏。

（3）地基失效

在强烈地震作用下，地基承载力可能下降，以至丧失。另外，由于地基饱和砂层液化还会造成建筑物倾斜甚至倒塌。

3. 次生灾害

地震除直接造成建筑物的破坏外，还可能引起火灾、水灾、污染等严重的次生灾害，有时比地震直接造成的损失还大。在城市，尤其是在大城市这个问题越来越引起人们的关注。例如，1960年发生在海底的智利大地震引起的海啸灾害除吞噬了智利中南部沿海房屋外，海浪还从智利沿大海以每小时640 km的速度横扫太平洋，22 h之后，高达4 m的海浪又袭击了距智利17 000 km远的日本，在本州和北海道，海港和码头建筑遭到严重的破坏，甚至连巨船也被抛上陆地。又如，1995 年 1 月 17 日发生的日本阪神大地震，引起火灾有 122 起之多；不少建筑物倒塌后又被烈火包围，烈焰熊熊，浓烟遮天蔽日，火势入夜不减，这给救援工作带来很大困难。再如，北京时间 2011 年 3 月 11 日 13 时 46 分，在日本东北部海岸（北纬 38.1°，东经 142.6°）发生里氏 9.0 级地震，震源深度约 32km。地震引发的巨大海啸于震后 15 min 抵达日本沿岸，并在随后数小时内袭击海岸区。据日本警察厅统计，截至 2011 年 4 月 28 日，地震和海啸共造成日本 14 564 人死亡，11 356 人失踪以及 5 314 人不同程度受伤，接近 20 万栋建筑物受损，其中绝大部分由海啸造成，为日本二战后伤亡最惨重的自然灾害。海啸冲至陆地的最高点被确定为 37.9 m。

二、建筑结构的抗震设防

（一）地震中的建筑行为与抗震设防思想

了解地震中建筑的行为，有助于理解建筑抗震的设防策略。

地震中，地震动输入能量给建筑物，建筑物则通过运动、阻尼、变形等来耗散地震的能量。地震过程中，建筑物类似于一个滤波器，对地震动进行滤波和放大，与结构频率相近的频率成分被放大，与结构频率相差较大的频率成分则被抑制。一般情况下，建筑物的地震响应比地表的地震动输入大。

大量震害表明，地震中建筑物表现出不同程度的行为。当地震较小时，结构地震效应没有达到承载能力，建筑物不产生损坏，结构本身处于弹性工作状态。随着地震强度的增大，建筑物将产生损伤和破坏，首先是非结构构件，之后是结构构件。由于结构构件的破坏，导致结构刚度降低，自振周期增长，此时结构产生的变形一部分呈现塑性特点，是不可恢复的。如果地震强度进一步增强，则结构产生破坏的部位进一步增多，损伤程度进一步增强，甚至构件逐步退出工作，结构产生比较大的塑性变形。在重力二阶效应的作用下，当变形增大到一定程度而令结构不能承担时，结构则发生倒塌。同时，震害也表明，在相同强度的地震下，不同设防水平的建筑结构有不同的行为状态，设防水平高的建筑物损伤较轻。

一个值得思考的问题是，能不能把结构设计得足以抵抗任何未来可能遇到的地震呢？经验和分析表明，这是不必要的，也是不现实的。首先，人们不能确知未来的地震强度和频度；其次，高的结构承载力水平意味着高的经济投入，却不意味着高的投资效益，因为建筑使用寿命期内遭遇地震的可能性也是很难估计的。但是，如果建筑物不进行抗震设防，一旦遭遇地震，后果则是令人难以接受的。抗震设防类似于投保，需要综合考虑地震环境，建设工程的重要程度、允许的风险水平及要达到的安全目标和国家经济承受能力等因素，做出合理的决策。

目前国际上被普遍接受的建筑抗震设防思想是：建筑物在使用寿命期内对于不同强度和频度的地震，具有不同的抵抗能力。这种思想同样适用于其他工程结构。强烈地震中结构不损坏是不可能的，人们可以接受也只能接受结构被强震破坏的事实。抗震设防以建筑物不倒塌为最低要求，只要不倒塌就可以最大限度地减少生命财产损失和人员伤亡，减轻灾害。

与其他作用相比，强烈地震作用下允许结构发生损伤或破坏。

（二）建筑抗震设防类别

抗震设防是指在工程建设时对建筑物进行抗震设计并采取抗震措施，以达到预期的抗震能力。我国规范规定，对于抗震设防烈度在 6 度及以上地区的建筑，必须进行抗震设防。由于地震的不确定性、偶然性和地震灾害的毁灭性，建筑结构的抗震设防是一个复杂的科学决策问题。

抗震设防分类是根据建筑遭遇地震破坏后，可能造成人员伤亡、直接和间接经济损失、社会影响的程度及其在抗震救灾中的作用等因素，对各类建筑所做的设防类别划分。根据《建筑工程抗震设防分类标准》（GB 50223—2008），将建筑工程分为以下四个抗震设防类别。

①特殊设防类：指使用上有特殊设施，涉及国家公共安全的重大建筑工程和地震时可能发生严重次生灾害等特别重大灾害后果，需要进行特殊设防的建筑，简称甲类。

②重点设防类：指地震时使用功能不能中断或需尽快恢复的生命线相关建筑，以及地震时可能导致大量人员伤亡等重大灾害后果，需要提高设防标准的建筑，简称乙类。应特别指出的是，幼儿园、小学和中学的教学用房（如教室、实验室、图书室、体育馆、礼堂等）的设防类别为乙类。

③标准设防类：指大量的除①②④条以外，按标准要求进行设防的建筑，简称丙类。

④适度设防类：指使用上人员稀少且震损不致产生次生灾害，允许在一定条件下适度降低要求的建筑，简称丁类。

（三）工程建设抗震设防要求

1. 地震区划对一般工程的抗震设防要求

地震区划（seismic zoning）是指以地震烈度、地震动参数为指标，将国土可能遭受地震影响的危险程度划分成若干区域。目前，世界上许多国家以不同形式先后编制并颁布本国的地震区划图，并规定要求按照地震区划图进行抗震设防。

《中华人民共和国防震减灾法》规定，"新建、扩建、改建建设工程，必须达到抗震设防要求"，并规定一般建设工程"必须按照国家颁布的地震烈度区划图或者地震动区划图规定的抗震设防要求，进行抗震设防"。抗震设防要求是建设工程抗御地震破坏的准则和一定风险水准下抗震设计采用的地震烈度或地震动参数。地震区划图的编制，实际上就是对不同地区的一般建设工程规定出抗震设防要求。由此可见，地震区划图乃是经济建设中的一项重要基础工作。我国对地震区划工作历来十分重视，国家地震主管部门曾先后组织编制了三代全国地震烈度区划图。1957 年版中国地震烈度区划图和 1977 年版中国地震烈度区划图，基本思路都是以该区地震活动特征和地震构造条件为依据，以此来判断未来地震危险的程度，故统称为确定性方法编制的地震烈度区划图。1977 年版中国地震烈度区划图上标示的地震基本烈度，是指在未来 100 年内，一般场地条件下，该地可能遭遇的最大地震烈度。1990 年版中国地震烈度区划图，采用了国际上先进的工程地震危险性分析概率法，首次以超越概率的形式定义了地震基本烈度的概念。该图上标示的地震烈度值，系指 50 年期限内，一般场地条件下可能遭遇超越概率为 10% 的地震烈度值。该烈度值称为地震基本烈度。在新的地震区划图问世之前，我国的工程建设抗震设防，一般均采用地震烈度区划图上所规定的地震基本烈度作为抗震设计烈度。并以烈度衰减二度的影响范围为界，引入了设计近震和设计远震概念，后者包括可能遭遇近、远两种地震影响，设防烈度为 X 度时只考虑近震的地震影响。在水平地震作用计算时，设计近震、远震用两组地震影响系数 α 曲线表达，对 II 类场地，设计近震、远震的地震影响系数特征周期分别取 0.30s 和 0.40s，因此，当按远震的地震影响系数曲线设计时，就已包括两种设计地震的不利情况。

随着科学技术的发展，目前，采用地震动参数作为地震区划指标来编制地震区划图，已是国际上明显的发展趋势。《中国地震动参数区划图》（GB18306—2001），就是我国首次采用加速度峰值和反应谱拐点周期双参数编制的地震区划图。2001 年版中国地震动参数区划图，包括《中国地震动峰值加速度区划图 A1》和《中国地震动反应谱特征周期区划图 B1》，图中各参数的概率水准均为 50 年超越概率 10%，此概率水准与《中国地震烈度区划图（1990）》中的地震烈度的超越概率保持一致。依据我国《防震减灾法》，新地震动参数区划图所规定的地震动参数，取代原地震烈度而成为一般工业与民用建筑工程的抗震设防要求。

2. 重大工程抗震设防要求

《中华人民共和国防震减灾法》规定，"重大建设工程和可能发生严重次生灾害的建设工程，必须进行地震安全性评价，并根据地震安全性评价结果，确定抗震设防要求，进行抗震设防"。对于重大工程和可能产生严重次生灾害的建设工程，由于其抗震设防要求高于一般建设工程，因此，其抗震设防要求所对应的概率水准，应低于 50 年超越概率10%。例如，核电厂极限安全地震动的概率水准为年超越概率 0.01%。水工建筑中，甲类建筑与承载力极限相应的抗震设防要求所对应的概率水准为 100 年超越概率 2%；乙类建筑与此相应的概率水准为 50 年超越概率 5%。广播电影电视建筑中，甲类建筑与承载力极限相应的抗震设防要求所对应的概率水准为 100 年超越概率 5%。城市立交桥工程中，甲A类建筑设计地震动的概率水准为 100 年超越概率 10%，罕遇地震的概率水准为 100 年超越概率 2%。因此，重大工程的抗震设防要求，不应采用《中国地震动参数区划图》规定的 50 年超越概率10%这一概率水准下的地震动参数，而应根据不同的概率水准，按照国家标准《工程场地地震安全性评价技术规范》的要求进行抗震设防。

(四) 建筑抗震设防目标的实现途径——两阶段设计

我国采取两阶段设计方法实现建筑抗震设防的三水准要求，其目的在于实现三水准的设防目标。

1. 第一阶段设计

基于多遇地震作用进行的强度和变形验算以及抗震措施。主要设计内容如下。

(1) 按多遇地震作用计算结构的弹性地震效应，包括内力及变形。

(2) 采用地震作用效应与其他荷载效应的基本组合验算结构构件承载能力并采取抗震措施。

(3) 进行多遇地震作用下的结构弹性变形验算。

(4) 概念设计和抗震构造措施。

其中，第 (1) ~ (3) 项工作旨在实现第一水准和第二水准的设防目标，第 (4) 项则用于实现第二水准及第三水准的设防目标。

2. 第二阶段设计

基于罕遇地震作用进行的结构弹塑性变形验算。设计内容如下。

(1) 进行罕遇地震作用下的结构弹塑性变形计算。

(2) 进行薄弱部位的弹塑性层间变形验算并采取相应的构造措施。

鉴于工程经验和第二阶段设计的复杂性等因素，大多数结构可只进行第一阶段设计，而对于有特殊要求的建筑、地震时易倒塌的结构和有明显薄弱层的不规则结构，除第一阶段设计外，尚需要进行第二阶段设计。

（五）抗震性能化设计方法

基于性能的抗震设计方法的基本思想是使所设计的工程结构在使用期内满足各种预定的性能目标。我国目前所采用的以结构安全性为主的"小震不坏，中震可修，大震不倒"三水准目标，就是一种抗震性能目标，只是对中震和大震一般只有定性要求，没有定量的抗震性能化设计原则和设计指标。

1. 性能化设计要求

（1）选定地震动水准

对设计使用年限 50 年的结构，可选用多遇地震、设防地震和罕遇地震的地震作用。对设计使用年限超过 50 年的结构，宜考虑实际需要和可能，经专门研究后对地震作用做适当调整。对近于发震断裂两侧附近的结构，地震动参数应计入近场的影响。

（2）选定性能目标

应根据实际需要和可能，分别选定针对整个结构，结构的局部部位或关键部位，结构的关键部件、重要构件，次要构件及建筑构件和机电设备支座的性能目标。

对应于不同地震动水准的预期损坏状态或使用功能，应不低于三水准的设防目标。

应根据抗震设防类别、设防烈度、场地条件、结构类型和不规则性、建筑使用功能和附属设施功能的要求，投资大小，震后损失和修复难易程度等，对选定的抗震的抗震性能目标提出技术和经济可行性综合分析和论证。

（3）选定性能设计指标

设计应选定分别提高结构或其关键部位的抗震承载力、变形能力或同时提高抗震承载力和变形能力的具体指标，还应考虑不同水准地震作用取值的不确定性。

设计宜确定在不同地震动水准下结构不同部位的水平和竖向构件承载力的要求；宜选择在不同地震动水准下结构不同部位的预期弹性或弹塑性变形状态，以及相应构件延性构造的高、中或低要求。

2. 性能化设计的计算要求

分析模型应正确、合理地反映地震作用的传递途径和楼盖在不同地震动水准下是否整体或分块处于弹性工作状态。

弹性分析可采用线性方法，弹塑性分析可根据性能目标所预期的结构弹塑性状态，分别采用增加阻尼的等效线性化方法及静力或动力非线性分析方法。

结构非线性分析模型相对于弹性分析模型可以有所简化，但二者在多遇地震下的线性分析结果应基本一致；应计入重力二阶效应、合理确定弹塑性参数，应依据构件的实际截面、配筋等计算承载力，可通过与理想弹性假定计算结果对比，着重发现构件可能破坏部位及弹塑性变形程度。

三、建筑抗震概念设计的基础概述

（一）抗震设计的基本概念

根据《抗震规范》的规定，建筑结构抗震概念是根据地震灾害和工程实践经验形成的基本设计原则和设计思想，形成建筑和结构总体布局并确定结构细部构造的全过程。

构件布置的规则性，应按抗震设计的明确要求，确定建筑规则性的形体。不规则的建筑形体应按规定加强结构措施；对特别不规则的建筑形体应进行专门研究和专家论证，采用特殊的加强结构措施；对严重不规则的建筑应加强修改或否定。

建筑形体变化包括建筑平面、立面和竖向剖面的变化。平面不规则的主要类型包括：扭转不规则［在规定的水平力作用下，楼层的最大弹性水平位移（层间位移）大于该楼层两端弹性水平位移（或层间位移）平均值的1.2倍］；凹凸不规则（指平面凹进的尺寸，大于相应投影方向总尺寸的30%）；楼板局部不规则（指楼板尺寸和平面刚度急剧变化，如有效楼板宽度小于该层楼板宽度的50%，或开洞面积大于该楼层楼面面积的30%，或较大的楼层错层）。

竖向不规则的主要类型是侧向刚度不规则（该层的侧向刚度小于相邻上一层的70%，或者小于其上相邻三个楼层侧向刚度平均值的80%，局部收进的水平向尺寸大于相邻下一层的25%）；竖向抗侧力构件不连续［指柱、抗震墙、抗震支撑的内力由水平转换构件（梁、壁架等）向下传递］；楼层承载力突变（抗侧力结构的层间受剪承载力小于相邻上一层的80%）。

特别不规则的建筑体型指：①扭转偏大（裙房以上有较多楼层，考虑偶然偏心的扭转位移比大于1.4）。②抗扭刚度弱（扭转周期比大于0.9，混合结构扭转周期比大于0.85）。③楼层刚度偏小（本层侧向刚度小于相邻上层的50%）。④高位转换（框支墙体的转换位置：7度超过5层，8度超过3层）。⑤厚板转换（7~9度设防的厚板转换结构）。⑥塔楼偏置（单塔或多塔的合质心与大底盘的质心偏心距大于底盘相应边长的20%）。⑦复杂连接（各部分楼层数，刚度、布置不同的错层或连体两端塔楼显著不规则的结构）。⑧多重复杂结构（同时具有转换层、加强层、错层连体和多塔类型中的两种以上的结构）。

（二）概念设计的作用

建筑抗震概念设计是根据地震震害和工程经验等所形成的基本设计原则和设计思想，进行建筑和结构的总体布置和确定细部构造的过程。建筑抗震概念设计的主要内涵包括场地选择、建筑体型和构件布置、结构体系、细部构造等方面。

①有利于抗震的建筑场地是减轻建筑地震灾害的前提。建筑工程的选址宜对建筑抗震有利，应避开不利的地段，不在危险的地段进行建设。

②合理的建筑形体和构件布置是建筑抗震性能的基础。宜优先选用规则的形体，其抗侧力构件的平面布置宜规则对称，侧向刚度沿竖向宜均匀变化，抗侧力构件的截面尺寸和材料强度宜自下而上逐渐减小，避免侧向刚度和承载力突变。

③合理、经济的结构体系是建筑抗震性能的保证。结构体系应具备必要的抗震承载能力、良好的变形能力和消耗地震能量的能力，并在结构承载力、刚度和延性间寻求一种较好的匹配关系；结构体系要求受力明确、传力途径合理且传力路线不间断；结构体系宜由若干个延性较好的分体系组成多道抗震防线，当第一道防线的抗侧力构件在地震作用下遭到破坏后，第二道乃至第三道防线的抗侧力构件能抵挡住后续地震动的冲击，防止结构倒塌。

④合理的细部构造是实现结构抗震性能的重要途径。对结构构件应采用有效的抗震构造措施以提高结构的延性；对非结构部件应加强非结构构件与主体结构之间的连接或锚固；材料选取上，应减少使用脆性的材料；施工时应确保施工程序能贯彻原抗震设计的意图。

（三）抗震设计的方法

我国普通建筑物在进行抗震设计时，原则上应满足上述三水准的基本设防目标。在具体的做法上是采用下面两阶段的设计方法。

第一阶段设计：按照多遇地震烈度对应的地震作用效应和其他荷载效应的组合验算结构的承载力和结构的弹性变形。

第二阶段设计：按照罕遇地震烈度对应的地震作用效应验算结构的弹塑性变形。

第一阶段的设计是为了保证第一水准的承载力和变形的要求。第二阶段的设计，则主要是保证结构满足第三水准的抗震设防目标。而第二水准的抗震设防目标是借助良好的抗震构造措施来实现[1]。

（四）建筑抗震设计的基本特点

从地震动的随机性、建筑震害特点、建筑抗震设防目标及其实现途径等方面可以总结出建筑抗震设计的主要基本特点如下。

1. 建筑抗震设计存在强烈的不确定性

抗震设计必须面对和处理地震动输入、结构分析模型、分析方法、结构破坏模式等的不确定性。其中，地震动输入的不确定性是最大的不确定性。抗震设计中应充分认识到，根据目前所采用的确定性方法所计算出的结构地震反应实质上只是一种概率平均意义上的预期结果，在实际地震中结构的真实反应可能与预期差别显著，因而必须从抗震概念和措施上完善抗震设计。

2. 建筑抗震设计应考虑结构反应的动力特征

结构地震反应问题属于动力学范畴，基于静力学问题的概念和规律并不都适用于抗震设计，如在框架结构的梁内随意增加配筋就可能导致产生预期之外的破坏模式；结构周期应尽可能地错开地震动卓越周期避免产生动力共振破坏。

3. 建筑抗震设计必须考虑结构的弹塑性行为

抗震设计的基本思想就是允许结构在设防烈度及罕遇地震下产生损伤和破坏，采取什么样的模型和方法才能合理描述和估计结构的非线性行为过程，这是抗震设计区别于一般结构设计的一个难点。

4. 概念设计至关重要

大量的震害和抗震设计的不确定性表明：建筑抗震设计仅仅依靠计算是不够的，计算设计只解决了问题的一方面，还需要依赖工程实践和经验总结出的、许多目前甚至还无法用计算说明的概念和措施。

5. 建筑抗震设计实质上在于引导一种预期的合理破坏模式

抗震设计的难点不在于使结构不破坏，而在于使结构在多遇地震下不破坏、在设防烈度下产生可接受的破坏、在罕遇地震下产生不致倒塌的破坏，这就要求结构在强震中的破坏有一个合理的破坏部位、顺序和程度，即合理的破坏模式。合理的破坏模式使结构在大震下具有良好的延性和耗能性，并能承受由于地震动的不确定性而引起的延性变形需求的

---

① 张银会，黎洪光. 建筑结构 [M]. 重庆：重庆大学出版社，2015：11-12.

变化，一定程度上消除结构反应对随机地震动的敏感性。

6. 建筑抗震设计是强度、刚度和延性等控制问题

一定程度上，结构的地震作用是由设计者所决定的，设计者确定了结构的强度屈服水平也就决定了地震作用的大小；而刚度的大小不仅影响结构地震水平，更关系到结构变形能力和破坏状态；延性则是结构自屈服到极限状态的变形和耗能能力的体现。建筑抗震设计需要均衡结构的强度和刚度并利用延性来达到预期的设防目标。

因此，与一般结构设计相比，建筑抗震设计赋予了设计者更大的主观能动性。

(五) 建筑抗震设计内容及要求

建筑抗震设计的目的是实现预期的建筑抗震设防目标。设计者希望通过定量计算来实现建筑抗震设计，但是由于建筑抗震设计中地震动、结构模型和分析方法等的不确定性，地震时造成的破坏程度很难准确预测，建筑抗震设计仅仅依靠计算是不够的。还需要根据地震震害和工程经验等所形成的基本设计原则和设计思想，进行建筑和结构的总体布置和确定细部构造，我们将这个过程称为建筑抗震概念设计。经过抗震概念设计后形成抗震措施，包括建筑和结构的总体布置，抗震计算的内力调整措施、抗震构造措施等。抗震措施是除地震作用计算和抗力计算以外的抗震设计内容，包括抗震构造措施。抗震构造措施是根据抗震概念设计的原则，一般不需计算而对结构和非结构各部分必须采取的各种细部要求。

因此，建筑抗震设计包括概念设计和抗震计算两个方面。抗震计算为设计提供了定量手段，概念设计不仅在总体上把握抗震设计的基本原则，而且由概念设计所形成的抗震构造措施还可以在保证结构整体性、加强局部薄弱环节等方面来保证抗震计算结果的有效性。合理的抗震结构源自正确的概念设计。没有正确的概念设计，再精确的计算分析都可能于事无补。

抗震规范提出了一系列的抗震设计基本要求，其目的是要求设计人员注意抗震概念设计。全面、合理的概念设计有助于掌握明确的设计思想，灵活、恰当地运用抗震设计原则，使设计人员不致陷入盲目的计算工作，从而做到比较合理的抗震设计。下面介绍抗震设计基本要求的主要内容。

1. 选择对抗震有利的建筑场地、地基

选择建筑场地时，应根据工程需要，掌握地震活动情况和工程地质的有关资料，做出综合评价。宜选择对建筑抗震有利的地段；避开对建筑不利的地段，当无法避开时，应采

取适当的抗震措施;不应在危险地段建造甲、乙、丙类建筑物。

地基和基础设计宜符合下列要求:同一结构单元不宜设置在性质截然不同的地基土上;同一结构单元不宜部分采用天然地基,而部分采用桩基;地基有软弱黏性土、液化土、新近填土或严重不均匀土层时,宜加强基础的整体性和刚性。

当建筑场地为Ⅰ类场地时,除丁类建筑外,可按原烈度降低一度采取抗震构造措施,地震作用仍按原烈度计算,但6度时构造措施不应降低。

2. 选择有利于抗震的建筑平面和立面布置

(1) 建筑的体型要简单,平面、立面布置宜规则

体型简单和规则的建筑,受力性能明确,设计时容易分析结构在地震作用下的实际反应及其内力分布,且结构细部的构造也易于处理,所以这类结构遭遇地震后其震害相对都较轻。反之,建筑体型不规则,平面上凸出型进,立面上高低错落,易于形成刚度和强度上的突变,引起应力集中或变形集中,也容易形成薄弱环节,往往造成比较严重的震害。

(2) 建筑的平面、立面刚度和质量分布力求对称

建筑的刚度和质量分布不对称,即使在地面平动分量作用下也会发生扭转振动,从而造成比较严重的震害。所以,整个建筑或其独立单元应力求刚度、质量的对称,使其质心与刚心重合或偏心很小。

(3) 建筑的质量和刚度变化要均匀

建筑的质量和刚度沿竖向分布往往是不均匀的,例如,由于建筑的竖向收进,地震时收进处上、下部分振动特性不同。易于在收进处的横隔层(楼板)产生应力突变,使竖向收进的凹角处产生应力集中。又如,由于在建筑中底层需要开敞或在任意层需要大空间,将使结构上下不连续,产生竖向刚度突变,在柔性层中产生严重的应力集中和变形集中,从而导致严重的震害。再如,在建筑物底层设置上下不连续的抗震墙(如底层框支抗震墙),使建筑物沿竖向的不均匀性;框架的填充墙在层高范围内未连续设置或存在楼层的错层,使框架形成短柱,也易于造成震害。设计时对上述质量和刚度沿竖向分布不连续的情况应加以限制,采取必要的构造措施。

(4) 必要时设置防震缝

防震缝的设置,应根据建筑类型、结构体系和建筑体型等具体情况区别对待,不提倡一切都设,也不主张都不设。抗震规范的原则是,建筑防震缝的设置,可按结构的实际需要考虑。体型复杂的建筑,不设防震缝时,应选择符合实际的结构计算模型,进行精细的抗震分析,估计其局部应力和变形集中及扭转影响,判别其易损部位,采取措施提高抗震能力。当设置防震缝时,应将建筑分成规则的结构单元。防震缝应根据烈度、场地类别、

房屋类型等留有足够的宽度，其两侧的上部结构应完全分开。防震缝应同伸缩缝、沉降缝协调布置，使伸缩缝、沉降缝符合防震缝的要求。

3. 选择合理的抗震结构体系

抗震结构体系的选择，一方面应根据建筑的重要性、设防烈度、房屋高度、场地、地基、材料和施工等因素，结合技术、经济条件综合考虑。抗震结构体系除应具有明确的计算简图和合理的地震作用的传递途径之外，还应符合下列各项要求。

（1）宜有多道抗震防线

这样可避免因部分结构或构件破坏而导致整个体系丧失抗震能力或对重力的承载能力。一个抗震结构体系应由若干个延性较好的分体系组成，并由延性较好的结构构件连接起来协同工作。一般情况下，应优先选择不负担重力荷载的竖向支撑或填充墙，或选用轴压比不太大、延性较好的抗震墙等构件，作为第一道抗震防线的抗侧力构件。框架—抗震墙结构体系中的抗震墙，处于第一道防线，当抗震墙在一定强度的地震作用下遭受可允许的损坏，刚度降低而部分退出工作并吸收相当的地震能量后，框架部分起到第二道防线的作用。这种体系的设计既考虑到抗震墙承受大部分的地震力，又考虑到抗震墙刚度降低后框架能承担一定的抗侧力作用。对于强柱弱梁型的延性框架，在地震作用下，梁处于第一道防线，其屈服先于柱的屈服，首先用梁的变形去消耗输入的地震能量，使柱处于第二道防线。为使抗震结构成为具有多道抗震防线的体系，也可在结构的特定部位设置专门的耗能元件。近年来，国内外研究利用摩擦耗能或利用材料塑性耗能的元件，预期结构遭受罕遇强烈地震作用时，相当一部分的地震能量消耗于这种耗能元件，以减少输入主体结构的地震能量，达到减轻主体结构破坏的目的。

（2）应具备必要的强度、良好的变形能力和耗能能力

如果抗震结构体系有较高的抗侧力强度，但缺乏足够的延性，则这样的结构在地震时很容易破坏（如无筋砌体）；但如结构有较大的延性，而抗侧力强度不高，在不大的地震作用下结构产生较大的变形（如纯框架结构）。如果砌体结构加上周边约束构件，使其具有较好的变形能力。如果框架中设置抗震墙，使其抗侧力强度增加，则上述两种结构的抗震潜力都增大了。

（3）宜具有合理的刚度和强度分布

避免因局部削弱或突变形成薄弱部位，产生过大的应力或塑性变形集中，对可能出现的薄弱部位，应采取措施提高抗震能力。结构在强烈地震下不存在强度安全储备，构件的实际强度分布是判断薄弱层（部位）的基础。除了前述竖向刚度突变造成薄弱层塑性变形集中之外，竖向分布中层屈服承载力系数（即按各层实际配筋和材料标准强度所求得的层

受剪承载力与该层罕遇地震作用下弹性地震剪力之比）为最小的层间也是结构抗震的薄弱层间，在地震作用下首先屈服而出现较大塑性变形集中导致震害。鉴于目前通过理论分析确切地探明结构体系的薄弱部位还有很多困难，因此抗震规范从搞好抗震概念设计方面提出了相应要求。

另一方面，在抗震结构体系中，应使其结构构件和连接部位具有较好的延性，以提高抗震结构的整体变形能力。具体要求如下。

（1）提高抗震结构构件的延性

改善其变形能力，力求避免脆性破坏；为此，砌体结构应按规定设置钢筋混凝土圈梁和构造柱、芯柱，或采用配筋砌体和组合砌体柱等；钢筋混凝土构件应合理地选择尺寸、配置纵向钢筋和箍筋，避免剪切破坏先于弯曲破坏，避免混凝土的受压破坏先于钢筋的屈服，避免钢筋锚固失效先于构件破坏；钢结构构件应合理控制尺寸，防止局部或整个构件失稳。

（2）保证抗震结构构件之间的连接具有较好的延性

这是充分发挥各个构件的强度、变形能力，从而获得整个结构良好抗震能力的重要前提。为了保证连接的可靠性，构件节点的强度不应低于其连接构件的强度；预埋件的锚固强度不应低于其连接构件的强度；装配式结构构件之间应采取保证结构整体性的连接措施。

4. 处理好非结构构件

非结构构件在抗震设计时往往未给予充分注意，处理不当时，容易造成地震时倒塌伤人，砸坏重要设备，甚至造成主体结构倒塌。非结构构件可分为下列三种类型。

（1）对于女儿墙、厂房高低跨封墙、雨棚、挑檐等附属构件，应与主体结构有可靠的连接和锚固，以避免地震时倒塌伤人，产生附加灾害，特别是人流出入口、通道、重要设备附近等处，应注意加强抗震措施。

（2）由于围护墙、内隔墙和框架填充墙等非承重墙体的存在，改变主体结构的动力性质（减少自振周期，增大地震作用）；改变主体结构侧向刚度的分布，从而改变地震作用在各抗侧力构件之间的分配。带填充墙的框架会吸收更多的地震作用和消耗地震能量，而不带填充墙的框架所受到的地震作用比带填充墙的减小，减轻主体结构的震害。设填充墙时须采取措施以防止填充墙平面外的倒塌，并防止填充墙使框架发生剪切破坏；当填充墙处理不当而形成短柱时，将会造成较重的震害。对上述非承重墙体对结构抗震的不利或有利影响应予考虑，避免不合理的设置以导致主体结构的破坏。

（3）装饰贴面与主体结构应有可靠连接，以避免吊顶塌落伤人；同时应避免贴镶或悬吊较重的装饰物，如果不可避免的话，应有可靠的防护措施。

5. 合理选用材料，保证施工质量

为使结构具有预想的抗震能力，在材料的选用和施工质量方面均有其具体要求，这对贯彻设计意图是必不可少的。

（1）材料的选用不仅要满足结构的强度要求，还要保证结构的延性要求。抗震规范规定，结构材料指标应符合下列最低要求：烧结普通砖的强度等级不应低于 MU7.5，砖砌体的砂浆强度等级不宜低于 M2.5；混凝土的强度等级，一级抗震等级框架的梁、柱和节点不宜低于 C30，构造柱、芯柱、圈梁与基础不宜低于 C15，其他各类构件不应低于 C20；钢筋的强度等级，纵向钢筋宜采用Ⅱ、Ⅲ级变形钢筋，箍筋宜采用Ⅰ级钢筋，构造柱、芯柱可采用Ⅰ级或Ⅱ级钢筋。

（2）保证施工质量，才能贯彻抗震概念设计的意图，对于设计文件中注明的特殊要求，施工部门应切实执行。为了加强整体性，构造柱、芯柱和底层框架砖墙的砖填充墙框架的施工，应先砌墙后浇混凝土柱；砌体结构的纵、横墙交接处应同时咬搓砌筑，或采取设拉结筋的拉结措施。

四、结构抗震的基本知识

（一）房屋体型方面

（1）平面复杂的房屋，如 L 型、Y 型等，破坏率显著增高；

（2）有大地盘的高层建筑，裙房顶面与主楼相接处楼板面积突然减小的楼层，容易破坏；

（3）房屋高宽比值较大且上面各层刚度很大的高层建筑，底层框架柱因地震倾覆力矩引起的巨大压力而发生剪压破坏；

（4）相邻结构或毗邻建筑，因相互间的缝隙宽度不够而发生碰撞破坏。

（二）结构体系方面

（1）相对于框架体系而言，采用框—墙体系的房屋，破坏程度较轻，特别有利于保护填充墙和建筑装修免遭破坏。

（2）采用"框架结构+填充墙"体系的房屋，在钢筋混凝土框架平面内嵌砌砖填充墙时，柱上端易发生剪切破坏；外墙框架柱在窗洞处因受窗下墙的约束而发生短柱形剪切破坏。

（3）采用钢筋混凝土板柱体系的房屋，或因楼板冲切破坏，或因楼层侧移过大，柱顶、柱脚破坏，各层楼板坠落，重叠在地面。

（4）采用"底部纯框架+上部砌体结构"体系的房屋，相对柔弱的底层，破坏程度十分严重；采用"框架结构+填充墙"体系的房屋，当底层为开敞式的纯框架，底层同样遭到严重破坏。

（5）采用单跨框架结构体系的房屋，因结构整体缺乏缓冲度，强震下容易整体倒塌。

（6）在框架结构中，绝大多数情况下，柱的破坏程度重于梁和板。

（7）钢筋混凝土框架，如在同一楼层中出现长、短柱并用的情况，短柱破坏较为严重。

（三）刚度分布方面

（1）采用 L 形、三角形等不对称平面的建筑，地震时因发生扭转振动而使震害加重；

（2）矩形平面建筑，电梯间竖筒等抗侧力构件的布置存在偏心时，同样因发生扭转振动而使震害加重。

（四）其他方面

（1）钢筋混凝土多肢剪力墙的窗下墙（连梁）常发生斜向裂缝或交叉裂缝。

（2）配置螺旋箍的钢筋混凝土柱，当层间位移角达到很大数值时核心混凝土仍保持完好，柱仍具有较大的竖向承载能力；若螺旋箍崩开，则核心混凝土破碎脱落。

（3）竖向布置不合理易导致建筑竖向刚度突变，产生抗震能力薄弱的楼层。

（4）局部布置不合理，容易使框架柱形成短柱，产生剪切破坏。

（5）附于楼屋面的机电设备、女儿墙等非结构，地震时易倒塌或脱落伤人，设计时应采取与主体结构可靠的连接与锚固措施。

五、建筑抗震概念设计

建筑抗震设计一般包括三个方面：概念设计、抗震计算和构造措施。所谓概念设计，是指根据地震灾害和工程经验等所形成的基本设计原则和设计思想，进行建筑和结构的总体布置并确定细部构造的过程。概念设计在总体上把握抗震设计的基本原则。抗震计算为建筑抗震设计提供定量手段。构造措施则可以在保证结构整体性、加强局部薄弱环节等意义上保证抗震计算结果的有效性。抗震设计上述三个层次的内容是一个不可割裂的整体，忽略任何一部分，都可能造成抗震设计的失败。

建筑抗震概念设计一般主要包括以下几个内容：注意场地选择和地基基础设计，把握建筑结构的规则性，选择合理抗震结构体系，合理利用结构延性，重视非结构因素，确保材料和施工质量。

（一）场地、地基和基础的要求

1. 选择对抗震有利的场地

选择建筑场地时，应根据工程需要，掌握与地震活动情况、工程地质和地震地质有关的资料，对抗震有利、一般、不利和危险地段做出综合评价。对于不利地段，应提出避开要求，当无法避开时应采取有效措施。对于危险地段，严禁建造甲、乙类建筑，不应建造丙类建筑。

对抗震有利的地段，一般是指稳定的基岩、坚硬土或开阔、平坦、密实、均匀的中硬土等地段；不利地段，一般是指软弱土，液化土，条状突出的山嘴，高耸孤立的山丘，非岩质的陡坡，河岸和边坡的边缘，平面分布上成因、岩性、状态明显不均匀的土层（如古河道、疏松的断层破碎带、暗埋的塘浜沟谷和半填半挖的地基等），含水量高的可塑黄土，地表存在结构性裂隙等地段；危险地段，一般是指地震时可能发生滑坡、崩塌、地陷、地裂、泥石流等灾害，以及地震断裂带上可能发生地表错位的部位等地段；一般地段，是指不属于有利、不利和危险的地段。

2. 不同场地上的抗震构造措施的调整

（1）建筑场地为Ⅰ类时，甲、乙类建筑应允许仍按本地区抗震设防烈度的要求采取抗震构造措施；丙类建筑应允许按比本地区抗震设防烈度低一度的要求采取抗震构造措施。但抗震设防烈度为6度时仍应按本地区抗震设防烈度的要求采取抗震构造措施。

（2）建筑场地为Ⅲ、Ⅳ类时，对于设计基本地震加速度为0.1 g和0.3 g的地区，除《建筑抗震设计规范》（GB 50011—2010）另有规定外，宜分别按抗震设防烈度为8度（0.20 g）和9度（0.40 g）的各类建筑的要求采取抗震构造措施。

3. 地基和基础设计的要求

（1）同一结构单元的基础不宜设置在性质截然不同的地基上。

（2）同一结构单元不宜部分采用天然地基、部分采用桩基。

（3）地基为软弱黏性土、液化土、新近填土或严重不均匀土时，应估计地震时地基不均匀沉降或其他不利影响，并采取相应的措施。

4. 山区建筑场地和地基基础设计的要求

（1）山区建筑场地应根据其地质、地形条件和使用要求，因地制宜设置符合抗震设防要求的边坡工程；边坡应避免深挖高填，坡高大且稳定性差的边坡应采用后仰放坡或分阶放坡。

（2）建筑基础与土质、强风化岩质边坡的边缘应留有足够的距离，其值应根据抗震设防烈度的高低确定，并采取措施避免地震时地基基础被破坏。

（二）建筑结构的规则性

建筑结构不规则可能造成较大地震扭转效应，产生严重应力集中或形成抗震薄弱层。因此，在建筑抗震设计中，应使建筑物的平面布置规则、对称，具有良好的整体性；建筑的立面和竖向剖面宜规则，结构的侧向刚度变化宜均匀。竖向抗侧力构件的截面尺寸和材料强度宜自下而上逐渐减小，避免抗侧力结构的侧向刚度和承载力突变而形成薄弱层。

建筑结构的不规则类型可分为平面不规则（表2-1）和竖向不规则（表2-2）。当采用不规则建筑结构时，应按建筑抗震设计规范的要求进行水平地震作用计算和内力调整，并应对薄弱部位采取有效的抗震构造措施。

表2-1　平面不规则的类型

不规则类型	定义
扭转不规则	楼层的最大弱性水平位移（或层间位移），大于该楼层两端弹性水平位移（或层间位移）平均值的1.2倍
凹凸不规则	结构平面凹进的一侧尺寸，大于相应投影方向总尺寸的30%
楼板局部不连接	楼板的尺寸和平面刚度急剧变化，例如，有效楼板宽度小于该层楼板典型宽度的50%，或开洞面积大于该层楼面面积的30%，或较大的楼层错层

表2-2　竖向不规则的类型

不规则类型	定义
侧向刚度不规则	该层的侧向刚度小于相邻上一层的70%，或小于其上相邻三个楼层侧向刚度平均值的80%；除顶层外，局部收进的水平向尺寸大于相邻下一层的25%
竖向抗侧力构件不连续	竖向抗侧力构件（桩、抗震墙、抗震支撑）的内力由水平转换构件（梁、析架等）向下传递
楼层承载力突变	抗侧力结构的层间受剪承载力小于相邻上一楼层的80%

平面不规则而竖向规则的建筑结构，应采用空间结构计算模型，并应符合下列要求。

（1）扭转不规则时，应计入扭转影响，且楼层竖向构件最大的弹性水平位移和层间位移分别不宜大于楼层两端弹性水平位移和层间位移平均值的1.5倍，当最大层间位移远小于规范限值时，可适当放宽。

（2）凹凸不规则或楼板局部不连续时，应采用符合楼板平面内实际刚度变化的计算模型；高烈度或不规则程度较大时，宜计入楼板局部变形的影响。

（3）平面不对称且凹凸不规则或局部不连续，可根据实际情况分块计算扭转位移比，对扭转较大的部位应采用局部的内力增大系数。

平面规则而竖向不规则的建筑结构，应采用空间结构计算模型，刚度小的楼层的地震剪力应乘以不小于 1.15 的增大系数，其薄弱层应按本规范有关规定进行弹塑性变形分析，并应符合下列要求。

（1）竖向抗侧力构件不连续时，该构件传递给水平转换构件的地震内力应根据烈度高低和水平转换构件的类型、受力情况、几何尺寸等，乘以 1.25~2.0 的增大系数；

（2）侧向刚度不规则时，相邻层的侧向刚度比应依据其结构类型符合本规范相关章节的规定；

（3）楼层承载力突变时，薄弱层抗侧力结构的受剪承载力不应小于相邻上一楼层的 65%。

平面不规则且竖向不规则的建筑，应根据不规则类型的数量和程度，有针对性地采取不低于上述要求的各项抗震措施。特别不规则的建筑，应经专门研究，采取更有效的加强措施或对薄弱部位采用相应的抗震性能化设计方法。

体型复杂、平直面不规则的建筑，应根据不规则程度、地基基础条件和技术经济等因素的比较分析，确定是否设置防震缝，并分别符合下列要求。

（1）当不设置防震缝时，应采用符合实际的计算模型，分析判明其应力集中、变形集中或地震扭转效应等导致的易损部位，采取相应的加强措施。

（2）当在适当部位设置防震缝时，宜形成多个较规则的抗侧力结构单元。防震缝应根据抗震设防烈度、结构材料种类、结构类型、结构单元的高度和高差以及可能的地震扭转效应的情况，留有足够的宽度，其两侧的上部结构应完全分开。

（3）当设置伸缩缝和沉降缝时，其宽度应符合防震缝的要求。

（三）抗震结构体系

大量抗震还表明，采取合理的抗震结构体系，加强结构的整体性，增强结构各构件是减轻地震破坏、提高建筑物抗震能力的关键。结构体系应根据建筑的抗震设防类别、抗震设防烈度、建筑高度、场地条件、地基、结构材料和施工等因素，经技术、经济和使用条件综合比较确定。

建筑结构与工程设计赏析

1. **在选择建筑抗震结构体系时，应注意符合下列各项要求：**

（1）应具有明确的计算简图和合理的地震作用传递途径。

（2）宜有多道抗震防线，应避免因部分结构或构件破坏而导致整个结构丧失抗震能力或对重力荷载的承载能力。在建筑抗震设计中，可以利用多种手段实现设置多道防线的目的，例如，增加结构超静定数、有目的地设置人工塑性铰、利用框架的填充墙、设置耗能元件或耗能装置等。

（3）应具备必要的抗震承载力、良好的变形能力和消耗地震能量的能力。结构抵抗强烈地震，主要取决于其吸能和耗能能力，这种能力依靠结构或构件在预定部位产生塑性铰，即结构可承受反复塑性变形而不倒塌，仍具有一定的承载能力。为实现上述目的，可采用结构各部位的联系构件形成耗能元件，或将塑性铰控制在一系列有利部位，使这些并不危险的部位首先形成塑性铰或发生可以修复的破坏，从而保护主要承重体系。

（4）宜具有合理的刚度和承载力分布，避免因局部削弱或突变形成薄弱部位，产生过大的应力集中或塑性变形集中；对可能出现的薄弱部位，应采取措施提高抗震能力。

（5）结构在两个主轴方向的动力特性宜相近。

2. **对结构构件的设计应符合下列要求：**

（1）砌体结构应按规定设置钢筋混凝土圈梁和构造柱、芯柱，或采用配筋砌体等。

（2）混凝土结构构件应合理地选择尺寸，配置纵向受力钢筋和箍筋，避免剪切破坏先于弯曲破坏、混凝土的压溃先于钢筋的屈服、钢筋的锚固黏结破坏先于构件破坏。

（3）预应力混凝土的抗侧力构件，应配有足够的非预应力钢筋。

（4）钢结构构件应合理控制尺寸，避免局部失稳或整个构件失稳。

3. **结构各构件之间应可靠连接，保证结构的整体性，应符合下列要求：**

（1）构件节点的破坏，不应先于其连接的构件。

（2）预埋件的锚固破坏，不应先于连接件。

（3）装配式结构构件的连接，应能保证结构的整体性。

（4）预应力混凝土构件的预应力钢筋，宜在节点核心以外锚固。

（5）各种抗震支撑系统应能保证地震时结构的稳定。

（四）非结构构件

非结构构件，包括建筑非结构构件和建筑附属机电设备，为了防止附加震害，减少损失，应处理好非承重结构构件与主体结构之间的如下关系。

（1）附着于楼，屋面结构上的非结构构件，应与主体结构有可靠的连接或锚固，避免地震时倒塌伤人或砸坏重要设备。

（2）围护墙和隔墙应考虑对结构抗震的不利影响，避免不合理设置而导致主体结构的破坏。

（3）幕墙、装饰贴面与主体结构应有可靠连接，避免地震时脱落伤人。

（4）安装在建筑上的附属机械、电气设备系统的支座和连接，应符合地震使用功能的要求，且不应导致相关部件的损坏。

（五）结构材料与施工

建筑结构材料以及施工质量的好坏，直接影响建筑物的抗震性能。因此在《建筑抗震设计规范》（GB50011—2010）中，对结构材料性能指标提出了最低要求，对施工中的钢筋代换也提出了具体要求。抗震结构对材料和施工质量的特殊要求，应在设计文件上注明，并应保证切实执行。

1. 结构材料性能指标应符合下列最低要求：

（1）砌体结构材料应符合下列规定：普通砖和多孔砖的强度等级不应低于 MU10，其砌筑砂浆强度等级不应低于 M5；混凝土小型空心砌块的强度等级不应低于 MU7.5，其砌筑砂浆强度等级不应低于 Mb7.5。

（2）混凝土结构材料应符合下列规定：混凝土的强度等级，框支梁、框支柱及抗震等级为一级的框架梁，柱、节点核芯区，不应低于 C30；构造柱、芯柱、圈梁及其他各类构件不应低于 C20；抗震等级为一、二、三级的框架结构和斜撑构件（含梯段），其纵向受力钢筋采用普通钢筋时，钢筋的抗拉强度实测值与屈服强度实测值的比值不应小于 1.25；钢筋的屈服强度实测值与屈服强度标准值的比值不应大于 1.3，且钢筋在最大拉力下的总伸长率实测值不应小于 9%。

（3）钢结构的钢材应符合下列规定：钢材的屈服强度实测值与抗拉强度实测值的比值不应大于 0.85；钢材应有明显的屈服台阶，且伸长率应大于 20%；钢材应有良好的焊接性和合格的冲击韧性。

2. 结构材料性能指标，尚宜符合下列要求：

（1）普通钢筋宜优先采用延性、韧性和焊接性较好的钢筋；普通钢筋的强度等级，纵向受力钢筋宜选用符合抗震性能指标的不低于 HRB400 级的热轧钢筋，也可采用符合抗震性能指标的 HRB335 级热轧钢筋；箍筋宜选用符合抗震性能指标的不低于 HRB335 级热轧钢筋，也可选用 HPB300 级热轧钢筋。

（2）混凝土结构的混凝土强度等级，抗震墙不宜超过 C60，其他构件，设防烈度为 9 度时不宜超过 C60，8 度时不宜超过 C70。

（3）钢结构的钢材宜采用 Q235 等级 B、C、D 的碳素结构钢及 Q345 等级 B、C、D、E 的低合金高强度结构钢；当有可靠依据时，尚可采用其他钢种和钢号。

3. 施工要求

（1）在施工中，当需要以强度等级较高的钢筋替代原设计中的纵向受力钢筋时，应按照钢筋承载力设计值相等的原则换算，并应满足最小配筋率要求。

（2）采用焊接连接的钢结构，当接头的焊接拘束度较大，钢板厚不小于 40 mm 且承受沿板厚方向的拉力时，钢板厚度方向截面收缩率不应小于国家标准《厚度方向性能钢板》GB/T50313 关于 Z15 级规定的容许值。

（3）钢筋混凝土构造柱和底部框架—抗震墙砖房中的砌体抗震墙，其施工应先砌墙后浇构造柱和框架梁柱。

（4）混凝土墙体、框架柱的水平施工缝，应采取措施加强混凝土的结合性能。对于抗震等级一级的墙体和转换层楼板与落地混凝土墙体的交接处，宜验算水平施工缝截面的受剪承载力。

（六）抗震结构体系的优化配置

1. 多道抗震防线

一次巨大地震产生的地面运动，能造成建筑物破坏的强震持续时间，少则几秒，多则几十秒，有时甚至更长（比如汶川地震的强震持续时间达到 80s 以上）。如此长时间的震动，一个接一个的强脉冲对建筑物产生往复式的冲击，造成积累式的破坏。如果建筑物采用的是仅有一道防线的结构体系，一旦该防线破坏后，在后续地面运动的作用下，就会导致建筑物的倒塌。特别是当建筑物的自振周期与地震动卓越周期相近时，建筑物会由此而发生共振，更加速其倒塌进程。如果建筑物采用的是多重抗侧力体系，第一道防线的抗侧力构件破坏后，后备的第二道乃至第三道防线的抗侧力构件立即接替，抵挡住后续的地震冲击，进而保证建筑物的最低限度安全，避免倒塌。在遇到建筑物基本周期与地震动卓越周期相近的情况时，多道防线就显示出其良好的抗震性能。当第一道防线因共振破坏后，第二道接替工作，建筑物的自振周期将出现大幅度变化，与地震动的卓越周期错开，避免出现持续的共振，从而减轻地震的破坏作用。

因此，设置合理的多道防线，是提高建筑抗震能力、减轻地震破坏的必要手段。

多道防线的设置，原则上应优先选择不负担或少负担重力荷载的竖向支撑或填充墙，或者选用轴压比较小的抗震墙、实墙筒体等构件作为第一道抗震防线，一般情况下，不宜采用轴压比很大的框架柱兼作第一道防线的抗侧力构件。例如，在框架—抗震墙体系中，延性的抗震墙是第一道防线，令其承担全部地震力，延性框架是第二道防线，要承担墙体开裂后转移到框架的部分地震剪力。对于单层工业厂房，柱间支撑是第一道抗震防线，承担了厂房纵向的大部分地震力，未设支撑的开间柱则承担因支撑损坏而转移的地震力。

2. 足够的侧向刚度

根据结构反应谱分析理论，结构越柔，自振周期越长，结构在地震作用下的加速度反应越小，即地震影响系数 α 越小，结构所受到的地震作用就越小。但是，是否就可以据此把结构设计得柔一些，以减小结构的地震作用呢？

自 1906 年洛杉矶地震以来，国内外的建筑地震震害经验（如前所述）表明，对于一般性的高层建筑，还是刚比柔好。采用刚性结构方案的高层建筑，不仅主体结构破坏轻，而且由于地震时结构变形小，隔墙、围护墙等非结构构件受到保护，破坏也较轻。而采用柔性结构方案的高层建筑，由于地震时产生较大的层间位移，不但主体结构破坏严重，非结构构件也大量破坏，经济损失惨重，甚至危及人身安全。所以，层数较多的高层建筑，不宜采用刚度较小的框架体系，而应采用刚度较大的框架—抗震墙体系、框架—支撑体系或筒中筒体系等抗侧力体系。

正是基于上述原因，目前世界各国的抗震设计规范都对结构的抗侧刚度提出了明确要求，具体的做法是，依据不同结构体系和设计地震水准，给出相应结构变形限值要求。

3. 足够的冗余度

对于建筑抗震设计来说，防止倒塌是我们的最低目标，也是最重要和必须得到保证的要求。因为只要房屋不倒塌，破坏无论多么严重也不会造成大量的人员伤亡。而建筑的倒塌往往都是结构构件破坏后致使结构体系变为机动体系的结果，因此，结构的冗余度（即超静定次数）越多，进入倒塌的过程就越长。

从能量耗散角度看，在一定地震强度和场地条件下，输入结构的地震能量大体上是一定的。在地震作用下，结构上每出现一个塑性铰，即可吸收和耗散一定数量的地震能量。在整个结构变成机动体系之前，能够出现的塑性铰越多，耗散的地震输入能量就越多，就更能经受住较强地震而不倒塌。从这个意义上来说，结构冗余度越多，抗震安全度就越高。

另外，从结构传力路径上看，超静定结构要明显优于静定结构。对于静定的结构体系，其传递水平地震作用的路径是单一的，一旦其中的某一根杆件或局部节点发生破坏，整个结构就会因为传力路线的中断而失效。而超静定结构的情况就好得多，结构在超负荷状态工作时，破坏首先发生在赘余杆件上，地震作用还可以通过其他途径传至基础，其后果仅仅是降低了结构的超静定次数，但换来的却是一定数量地震能量的耗散，而整个结构体系仍然是稳定的、完整的，并且具有一定的抗震能力。

因此，一个好的抗震结构体系，一定要从概念角度去把握，保证其具有足够多的冗余度。

4. 良好的结构屈服机制

一个良好的结构屈服机制，其特征是结构在其杆件出现塑性铰后，竖向承载能力基本保持稳定，同时，可以持续变形而不倒塌，进而最大限度地吸收和耗散地震能量。因此，一个良好的结构屈服机制应满足下列条件：

（1）结构的塑性发展从次要构件开始，或从主要构件的次要杆件（部位）开始，最后才在主要构件上出现塑性铰，从而形成多道防线；

（2）结构中所形成的塑性铰的数量多，塑性变形发展的过程长；

（3）构件中塑性铰的塑性转动量大，结构的塑性变形量大。

一般而言，结构的屈服机制可分为两个基本类型，即楼层屈服机制和总体屈服机制。所谓楼层屈服机制，指的是结构在侧向荷载作用下，竖向杆件先于水平杆件屈服，导致某一楼层或某几个楼层发生侧向整体屈服。可能发生此种屈服机制的结构有弱柱框架结构、强连梁剪力墙结构等。所谓总体屈服机制，指的是结构在侧向荷载作用下，全部水平杆件先于竖向杆件屈服，然后才是竖向杆件的屈服。可能发生此种屈服机制的结构有强柱框架结构、弱连梁剪力墙结构等。

所以：①结构发生总体屈服时，其塑性铰的数量远比楼层屈服要多；②发生总体屈服的结构，侧向变形的竖向分布比较均匀，而发生楼层屈服的结构，不仅侧向变形分布不均匀，而且薄弱楼层处存在严重的塑性变形集中。因此，从建筑抗震设计的角度，我们要有意识地配置结构构件的刚度与强度，确保结构实现总体屈服机制。

5. 构件设计准则

从国内外多次地震中建筑物破坏和倒塌的过程认识到，建筑物在地震时要免于倒塌和严重破坏，结构中杆件发生强度屈服的顺序应该符合下列条件：①杆先于节。②梁先于柱。③弯先于剪。④拉先于压。就是说，一幢建筑遭遇地震时，其抗侧力体系中的构件

（譬如框架）的损坏过程应该是：梁、柱或斜撑杆件的屈服先于框架节点；梁的屈服又先于柱的屈服；而且梁和柱又是弯曲屈服在前，剪切屈服在后；杆件截面产生塑性铰的过程，则是受拉屈服在前，受压破坏在后。这样，构件发生变形时，均具有较好的延性，而不是混凝土被压碎的脆性破坏。即各环节的变形中，塑性变形成分远大于弹性变形成分。那么，这幢建筑就具有较高的耐震性能，遭遇等于或高于设防烈度不超过 1 度的地震时，建筑不会发生严重破坏；遭遇高于设防烈度 1 度的地震时，建筑不至于倒塌。

为使抗侧力构件的破坏状态和过程能够符合上述准则，进行构件设计时，需要遵循以下设计准则：①强节弱杆。②强柱弱梁（强竖弱平）。③强剪弱弯。④强压弱拉。

第二节　建筑结构的功能要求与极限状态

一、结构设计的基本要求

（一）结构的设计基准期和设计使用年限

结构设计所采用的荷载统计参数以及时间有关的材料性能取值，都与时间参数有关，这就是设计基准期。其是确定设计荷载最大值取值的期限。《建筑结构可靠度设计统一标准》（GB50068—2001）规定，设计基准期为 50 年。

建筑结构设计的使用年限是指按规定指标设计的建筑结构或构件，在正常施工、正常使用和正常维护下，不需要大修即可达到按其预定目的使用的期限。如我国普通房屋的设计使用年限是 50 年，纪念性的建筑和特别重要的建筑结构设计使用年限是 100 年。

（二）结构的功能要求

进行建筑结构设计的基本目的是在一定经济条件下，使结构在规定的使用期限内、规定的条件下能满足设计所预期的各种功能要求。这些功能要求包括以下几项。

1. 安全性

结构在预定的使用期限内，应能承受正常施工。正常使用时可能出现的各种荷载、强迫变形（如超静定结构的支座不均匀沉降）、约束变形（如由于温度及收缩引起的构件变形、受到约束时产生的变形）等的作用。在偶然荷载（如地震、强风）作用下或偶然事件（如火灾、爆炸）发生时和发生后，构件仅产生局部损坏，不发生连续倒塌。

2. 适用性

结构在正常使用荷载作用下具有良好的工作性能，如不发生影响正常使用的过大挠度、永久变形和动力效应（过大的振幅和振动），或产生令使用者感到不安的裂缝宽度。

3. 耐久性

结构在正常使用和正常维护条件下和规定的环境中，以及预定的使用期限内应有足够的耐久性，如不发生由于混凝土保护层碳化或氯离子的侵入而导致的钢筋锈蚀，以致影响结构的使用寿命。

这些功能要求概括起来可以称为结构的可靠性，即结构在规定的时间内（如设计使用年限为 50 年）、规定的条件下（正常设计、正常施工、正常使用和维修，不考虑人为过失）完成预定功能的能力。

二、建筑结构的极限状态

结构能够满足功能要求而良好地工作，称为结构"可靠"或"有效"。反之，则为结构"不可靠"或"失效"。区分结构工作状态可靠与失效的标志是"极限状态"。

极限状态是结构或构件能够满足设计规定的某一功能要求的临界状态，有明确的标志及限值。超过这一界限，结构或构件就不能再满足设计规定的该项功能要求，而进入失效状态。

根据功能要求，结构的极限状态可分为以下两类。

1. 承载能力极限状态

结构或构件达到最大承载力或达到不适于继续承载的变形的极限状态为承载能力极限状态。当结构或构件出现下列状态之一时，即认为超过了承载能力极限状态：

（1）整个结构或其中的一部分作为刚体失去平衡（如倾覆、过大的滑移）；

（2）结构构件或连接部位因荷载过大而遭破坏，包括承受多次重复荷载构件产生的疲劳破坏（如钢筋混凝土梁受压区混凝土达到其抗压强度）；

（3）结构构件或连接部位因产生过度的塑性变形而不适于继续承载（如受弯构件中的少筋梁）；

（4）结构转变为机动体系（如超静定结构由于某些截面的屈服，形成塑性铰使结构成为几何可变体系）；

（5）结构或构件丧失稳定（如细长柱达到临界荷载发生压屈）；

（6）地基丧失承载力而破坏。

2. 正常使用极限状态

结构或构件达到正常使用或耐久性的某项规定限值的极限状态为正常使用极限状态。当结构或构件出现下列状态之一时，应认为超过了正常使用极限状态：

（1）影响正常使用或外观变形（如梁产生超过了挠度限值的过大的挠度）；

（2）影响正常使用或耐久性局部损坏（如不允许出现裂缝的构件开裂或允许出现裂缝的构件，其裂缝宽度超过了允许限值）；

（3）影响正常使用的振动；

（4）影响正常使用的其他特定状态（如由于钢筋锈蚀产生的沿钢筋的纵向裂缝）。

第三节　建筑空间结构形式与受力特点

一、建筑空间的意义

建筑空间与一般的艺术表达形式不同，它主要通过自身存在的价值和与人的需求满足程度来传递情感，是借助于非语言形式来表达意义的。

建筑空间的含义，是一种动态发展变化的，既取决于环境的创造者——建筑师、建设者和使用者所赋予建成环境的意义含量之多少，又取决于在使用和体验中所发生的一系列事件的价值。前者是属于意义的储备，是一种促媒介质，是影响的诱因；而后者则是发展变化的动因。诱因与动因是相互影响、相互作用的关系，彼此关联，不可分割。所以欲使建成环境充满意义，必先于设计构思，始能引发各种意义的体验。

人生活在由自身编织的意义网络中，人时刻都在追求有意义的生活，所谓文化就是由盘根错节的意义群组成的，建筑文化也不例外。

二、张弦梁结构的构成与特点

张弦梁结构最早是由日本大学教授斋藤工提出的，是一种区别于传统结构的新型杂交屋盖体系。张弦梁结构是一种由刚性构件上弦、柔性拉索、中间连以撑杆形成的混合结构体系，其结构组成是一种新型自平衡体系，是一种大跨度预应力空间结构体系，也是混合结构体系发展中的一个比较成功的创造性体系。张弦梁结构体系简单、受力明确、结构形式多样，充分发挥了刚柔两种材料的优势，具有良好的应用前景。

张弦梁结构上弦刚性构件可以是实腹式梁，也可以是格构式桁架，据此对不同的张弦梁结构可称作张弦梁或张弦桁架。当梁或桁架的轴线为曲线并且支座可以提供水平约束时，又可称其为索拱体系。目前此类索拱体系的工程应用发展较为快速。

目前，普遍认为张弦梁结构的受力机理为通过在下弦拉索中施加预应力使上弦压弯构件产生反挠度，使结构在荷载作用下的最终挠度得以减少，而撑杆对上弦的压弯构件提供弹性支撑，改善结构的受力性能。一般上弦的压弯构件采用拱梁或桁架拱，在荷载作用下拱的水平推力由下弦的抗拉构件承受，减轻拱对支座产生的负担，减少滑动支座的水平位移。由此可见，张弦梁结构可充分发挥高强索的强抗拉性能，从而改善整体结构受力性能，使压弯构件和抗拉构件取长补短，协同工作，达到自平衡，充分发挥了每种结构材料的作用。

所以，张弦梁结构在充分发挥索的受拉性能的同时，由于具有抗压抗弯能力的桁架或拱而使体系的刚度和稳定性大为加强，并且由于张弦梁结构是一种自平衡体系，使得支撑结构的受力大为减少。

张弦梁结构在保证充分发挥索的抗拉性能的同时，由于引进了具有抗压和抗弯能力的桁架或梁而使体系的刚度和稳定性大为增强；桁架或梁与张拉的索构成的受力体系，实际上不存在整体失稳的可能性，因而其强度可以得到充分利用，而不似单独工作的桁架或梁那样需要有特别大的截面；张弦梁结构是体外布索的预应力梁或桁架，通过预应力改善结构的受力性能；张弦梁结构与预应力双索体系（由承重索、相反曲率的稳定索及两者之间的联系杆共同组成的平面预应力体系）比较，张弦梁结构所需的预拉力要小得多，因而使支承结构的受力大为减小。

（一）平面张弦梁结构

平面梁结构是指结构构件位于同一平面内，且以平面内受力为主的张弦梁结构。平面张弦梁结构根据上弦构件的形状可分为三种基本形式：直梁型张弦梁结构，拱形张弦梁结构、人字拱形梁结构。

①直梁型张弦梁结构——上弦构件呈直线，通过拉索和撑杆提供弹性支承，从而减小上弦构件的弯矩，主要适用于楼板结构和小坡度屋面结构。

②拱形张弦梁结构——具有拉索和撑杆为上弦构件提供弹性支承以减小拱上弯矩的特点，此外，由于拉索张力可以与拱推力相抵消，一方面充分发挥了上弦拱的受力优势，另一方面充分利用了拉索抗拉强度高的优点，适用于大跨度甚至超大跨度的屋盖结构。

③人字拱形张弦梁结构——主要用下弦拉索来抵消人字拱两端推力，通常其起拱较高，所以适用于跨度较小的双坡屋盖结构。

（二）空间张弦梁结构

空间梁结构是以平面张弦梁结构为基本组成单元，通过不同形式的空间布置所形成的以空间受力为主的张弦梁结构。空间张弦梁结构可以分为以下几种形式。

①单向张弦梁结构。

单向张弦梁结构是在平行布置的单榀平面张弦梁结构之间设置纵向支承索而形成的空间受力体系。纵向支承索一方面可以提高整体结构的纵向稳定性，保证每榀平面张弦梁的平面外稳定，另一方面通过对纵向支承索进行张拉，为平面张弦梁提供弹性支承，因此属于空间受力体系，适用于矩形平面的屋盖。

②双向梁结构。

双向张弦梁结构是由单榀平面张弦梁结构沿纵横向交叉布置而成的空间受力体系。该体系属于纵横向受力的空间受力体系，适用于矩形、圆形及椭圆形等多种平面的屋盖。

③多向张弦梁结构。

多向张弦梁结构是将平面张弦梁结构沿多个方向交叉布置而成的空间受力体系。该结构形式适用于圆形平面和多边形平面的屋盖。

④辐射式梁结构。

辐射式张弦梁结构是由中央按辐射状放置上弦梁（拱），梁下设置撑杆用环向索或斜索连接而形成的空间受力体系，适用于圆形平面或椭圆形平面屋盖。

从目前已建工程来看，张弦梁结构的上弦构件通常采用实腹式构件（包括矩形钢管、H型钢等）、格构式构件（平面桁架或立体桁架）等。从构件材料上看，上弦构件基本采用钢构件，也有采用混凝土构件的；撑杆通常采用圆钢管；下弦拉索以采用高强半平行钢丝束居多，少数项目中采用钢绞线。

从结构形式来看，张弦梁结构的工程应用大多采用平面张弦梁结构。其原因是平面张弦梁结构的形式简洁，建筑师乐于采用。

三、悬索结构的受力特点

轴心受力构件可以充分利用结构材料的强度。拱属于轴心受压构件，因此对于抗压性能较好的砖、石和混凝土来讲，拱是一种合理的结构形式。悬索是轴心受拉构件，所以对受拉性能好的钢材来讲，它就是一种理想的结构形式。

悬索结构一般包括三个组成部分：①索网。②边缘构件。③下部支承结构。悬索也是一种有推力的结构，与拱有类似之处，现以单曲单层悬索结构为例，近似分析如下。

1. 索网的受力分析

索网是一个中心受拉构件，既无弯矩也无剪力。由于索本身是一个非常柔软的构件，其抗弯刚度可以完全忽略不计，而且它的形状随荷载性质的不同而改变。当索没有外加荷载仅有自重作用时，它处于自然悬挂状态。

当索受集中力的作用时，它便会立即自动形成悬吊折线形，吊着重力而保持平衡状态。因此，可以假定索是绝对柔性的，任一截面均不能承受弯矩，而只承受拉力。

2. 边缘构件的内力分析

悬索的边缘构件是索网的支座，索网锚固在边缘构件上。随着建筑平面和悬索屋盖类型的不同，边缘构件可以采用梁（一般为多跨连续梁）、桁架、环梁和拱等结构形式。它承受悬索在支座处的拉力。由于拉力一般都较大，所以它的断面尺寸也常常很大。

3. 柱子是受压构件

锚拉绳是受拉构件，其锚固基础也是设计中要解决的重要问题。根据以上分析我们可以知道悬索屋盖结构具有下列特点：

（1）索网只受轴向拉力，既无弯矩也无剪力；

（2）悬索的边缘构件必须具有一定的刚度和合理的形式，以承受索网的拉力；

（3）悬索只能单向受力，承受与其垂度方向一致的作用力。

四、平板网架的受力特点

平面桁架体系只考虑在桁架平面内单向受力，在节点荷载作用下，它的上弦受压，下弦受拉，以此来抵抗外荷载引起的弯矩。腹杆抵抗剪力，上弦与下弦的内力通过腹杆来传递。桁架如同腹部挖孔的梁，它的受力特点与梁很接近。

平板网架的受力特点是空间工作。现以简单的双向正交桁架体系为例，来说明网架的受力特点。

这种方法的基本概念是把空间的网架简化为相应的交叉梁系，然后进行挠度、弯矩和剪力的计算，从而求出桁架各个杆件的内力。其基本假定为：

（1）网架中双向交叉的桁架分别用刚度相当的梁来代替。桁架的上、下弦共同承担弯矩，腹杆承担剪力。

（2）两个方向的桁架在交点处位移应相等（即没有相对位移），而且仅考虑竖向位移。

五、网壳结构

网壳，顾名思义为网状壳体、格构化的壳体，网壳结构是由杆件构成的曲面网格结构，可以看作曲面状的网架结构。就整体而言，网架结构犹如一个受弯的平板，而网壳结构则是主要承受薄膜内力的壳体。网壳结构在建筑平面上可以适应多种不规则形状，建筑的各种形体则可通过曲面的切割和组合得到，形成多种曲面，如球面、椭球面、旋转抛物面、旋转双曲面、圆锥面、柱状面、双曲抛物面、扭曲面等，建筑师对它情有独钟。网壳结构可以用较小的构件组成很大的空间，这些构件可以在工厂预制实现工业化生产，安装简便快速，不需要大型设备，因此综合经济指标也较好。

网壳结构按网壳本身的构造可分为单层网壳和双层网壳。典型几何曲面网壳包括球面网壳、柱面网壳（筒网壳）、椭圆抛物面网壳（双曲扁网壳）、双曲抛物面网壳（鞍壳和扭壳）等。

1. 柱面网壳

柱面网壳的外形是圆柱面筒形，覆盖的平面为矩形，横向短边为端边（B），纵向长边为侧边（L）。单层柱面网壳按照网格的形式划分为单向斜杆正交正放网格型、交叉斜杆正交正放网格型、联方网格型和三向网格型。

柱面网壳矢跨比越大，水平推力越小，所围合的建筑空间越大。对于两端支承的圆柱面网壳，矢高可取为宽度的 1/6~1/3；而沿纵向边缘落地支承的，矢高可取为宽度的 1/5~1/2。双层圆柱面网壳的厚度可取为跨度的 1/50~1/20。

有时为了提高整体稳定性和刚度，可将单层柱面网壳部分区段变为双层柱面网壳。双层柱面网壳的形式主要有交叉桁架体系和角锥体系。

圆柱面网壳结构适用于建筑平面为方形或接近方形的矩形平面。对于两端支承的圆柱面网壳，其建筑平面的宽度 B 与跨度 L 之比宜小于 1.0，即 B/L<1。对于单层圆柱面网壳，当支承在两端的横隔时，其跨度 L 不宜大于 30m；当纵向边缘落地支承时，其跨度不宜大于 25m。

2. 球面网壳

球面网壳可分单层球面网壳和双层球面网壳两大类。按照网格形式划分，单层球面网壳可以分为肋环型球面网壳、施威德勒（Schwedler）型（肋环斜杆型）球面网壳、联方型球面网壳、三向网格型球面网壳、凯威特型球面网壳。

比如，同济大学大礼堂，建成于 1962 年，建筑面积 3600m²，屋盖采用装配式现浇钢筋混凝土联方网壳结构。屋盖覆盖建筑平面尺寸为 40m×56m，网壳矢高为 8~8.5m，施工采用钢筋混凝土预制杆件高空拼装形式，并在节点采用现浇混凝土形式。网壳屋盖以跨度方向为支座，屋面荷载分别由联方网格型网壳的两个斜向拱的方向向下传递，落到建筑两侧的框架梁上。框架梁下设框架柱，并在框架梁外侧设斜柱墩辅助支承结构，最终将荷载传递给基础。该设计在造型上将单层筒网壳结构形成的屋盖拱形曲线延续至地面，并借助设置的若干斜柱墩与其形成序列造型，加之框架梁上部的老虎窗折板屋盖的配合，使整个建筑造型层次丰富、充满韵律感与力度美。

第三章　建筑结构材料的力学性能

材料的基本性质是指材料处于不同的使用条件和使用环境时必须考虑的最基本的、共有的性质。土木工程中的建（构）筑物是由各种土木工程材料建造而成的，由于这些土木工程材料在建（构）筑物中所处的部位和环境不同，所起的作用也各有不同，因此要求各种土木工程材料必须具备相应的基本性质。例如，用于受力结构的材料，要承受各种外力的作用，因此所用的材料要具有所需的力学性质；墙体材料应具有绝热、隔声的性能；屋面材料应具有抗渗防水的性能等。"由于建（构）筑物在长期使用过程中，经常受到风吹、日晒、雨淋、冰冻所引起的温度变化、干湿交替、冻融循环等作用，这就要求材料必须具有一定的耐久性能。因此，建筑工程材料的应用与其性质是紧密相关的。"[①]

第一节　土木工程材料的基本性质

一、材料的基本物理性质

（一）体积

（1）材料绝对密实体积。材料绝对密实体积是指不包括材料内部孔腺的固体物质的体积。

（2）材料孔隙体积。材料孔隙体积是指材料所含孔隙的体积。

（3）材料在自然状态下的体积。材料在自然状态下的体积是指材料绝对密实体积与材料所含全部孔隙体积之和。

（4）材料堆积体积。材料堆积体积是指堆积状态下散粒状材料颗粒体积和颗粒之间的

---

① 陈正. 土木工程材料 [M]. 北京：机械工业出版社，2020：12～13.

间隙体积之和[①]。

（二）密度

1. 密度

密度是指材料在绝对密实状态下，单位体积的质量。

2. 表观密度

材料在自然状态下，单位体积的质量称为材料的表观密度。材料在自然状态下的体积是指材料及所含内部孔隙的总体积。材料在自然状态下的质量与其含水状态关系密切，且与材料孔隙的具体特征有关。故测定表观密度时，必须注明其含水状况。表观密度一般是指材料在气干状态（长期在空气中干燥）下的表观密度。在烘干状态下的表观密度，称为干表观密度。不含开口孔隙的表观密度称为视密度，以排水法测定其体积（对于致密材料就是近似密度）。

3. 堆积密度

粉状、颗粒状或纤维状材料在自然堆积状态下，单位体积的质量称为材料的堆积密度。

材料在自然堆积状态下的体积，是指既含粉状、颗粒状或纤维状材料的固体体积及其闭口、开口孔隙的体积，又含颗粒之间空隙体积的总体积。

粉状、颗粒状或纤维状材料的堆积体积，会因堆放的疏松状态不同而不同，必须在规定的装填方法下取值。因此，堆积密度又有松堆积密度和紧堆积密度之分。

在土木工程中，计算材料用量、构件的自重，配料计算以及确定堆放空间时，经常要用到材料的密度、表观密度和堆积密度等数据[②]。

（三）热膨胀

在受热过程中，材料的体积或长度随温度的升高而增大的现象称为热膨胀，其度量为热膨胀系数（有线膨胀系数和体膨胀系数之分）。常规材料的线膨胀系数是指单位长度材料的长度随温度的变化率，用 α_L 表示（α_V 则表示体膨胀系数），单位为 K^{-1}。陶瓷材料的线膨胀系数一般都不大，为 $10^{-6} \sim 10^{-5} K^{-1}$。材料的热膨胀系数的大小直接与热稳定性有关。一般来说，α_L 小的材料其热稳定性就好，如 Si3N4 的 $\alpha_L = 2.7 \times 10^{-6} K^{-1}$，这在陶瓷材料

---

① 殷和平，倪修全，陈德鹏. 土木工程材料 [M]. 武汉：武汉大学出版社，2019：5~6.

② 商艳，沈海鸥，陈嘉健. 土木工程材料 [M]. 成都：成都时代出版社，2019：27~28.

中是偏低的，因此热稳定性较好。碳纤维的热膨胀系数几乎为零。

（四）热稳定性

热稳定性是指材料承受温度的急剧变化而不致破坏的能力，又称抗热震性或耐热冲击强度。材料的热稳定性与材料的热膨胀系数、弹性模量、热导率、抗张强度和材料中气相、玻璃相的含量及其晶相的粒度等有关。由于应用场合的不同，对材料热稳定性的要求也各异。例如，对一般日用陶瓷，只要求能承受温度差为200℃左右的热冲击，而火箭喷嘴则要求瞬时能承受高达3000~4000℃的热冲击，而且要经受高气流的机械和化学作用。

（五）导电性

材料按其导电能力可分为四大类：超导体，$\rho \to 0$；导体，$\rho = 10^{-8} \sim 10^{-5}\Omega \cdot m$；半导体，$\rho = 10^{-5} \sim 10^{7}\Omega \cdot m$；绝缘体，$\rho = 10^{7} \sim 10^{20}\Omega \cdot m$。

一般来说，金属材料及部分陶瓷材料和高分子材料是导体，普通陶瓷材料与大部分高分子材料是绝缘体。但有意思的是，一些具有超导特性的材料却是陶瓷材料。金属的电导率随温度的升高而降低，半导体、绝缘体及离子材料的电导率则随温度的升高而增大。通常杂质原子使纯金属的电导率下降，这是由于溶质原子溶入后，在固溶体内造成不规则的势场变化而严重影响自由电子的运动。但在陶瓷材料中溶入杂质原子后，常常会使其导电性能提高。适当形式的晶体缺陷对改善陶瓷材料的导电性有重要意义。

二、材料的基本力学性质

材料的力学性质又称机械性质，是指材料在外力作用下的变形性能和抵抗破坏的能力。

（一）材料的强度

材料抵抗外力（荷载）破坏的能力称为材料的强度。材料所受的外力有压缩、拉伸、剪切和弯曲等多种形式。根据材料所受外力的形式不同，材料的强度分为抗压强度、抗拉强度、抗剪强度和抗弯（抗折）强度四种。

强度是材料的主要技术性质之一。凡是用于承重的各种材料，都规定了有关强度的测定方法和计算方法，并依其主要强度的大小划分为若干个强度等级以供结构设计和施工时合理选用。

（二） 弹性与塑性

材料在外力作用下产生变形，当外力撤销时，变形随之消失，这种性质称为弹性。这种变形称为弹性变形。

材料在外力作用下产生变形，当外力撤销后，仍保持已发生的变形，这种性质称为塑性。这种变形称为塑性变形。

单纯弹性的材料是没有的。有的材料（如钢材）在受力不太大时表现为弹性，超过弹性限度之后便出现塑性变形。许多材料（如混凝土等）在受力后，弹性变形和塑性变形同时发生，若撤销外力，其弹性变形将消失，但塑性变形仍残留着（称为残余变形）。这种既有弹性又有塑性的变形称为弹塑性变形。

（三） 韧性与脆性

材料受力时，发生较大变形而尚不断裂的性质称为韧性。具有这种性质的材料称为韧性材料，如钢材、木材、塑料、橡胶等都属于韧性材料。

材料受力时，在没有明显变形的情况下突然断裂的性质称为脆性。具有这种性质的材料称为脆性材料，如生铁、混凝土、砖、石、玻璃、陶瓷等。一般来说，脆性材料的抗压强度较高，而抗拉强度却很低，比其抗压强度低得多。

（四） 硬度与耐磨性

材料抵抗外物压入或刻画的性质称为硬度。木材、金属等韧性材料的硬度，往往采用压入法来测定。压入法硬度的指标有布氏硬度和洛氏硬度，它等于压入荷载值除以压痕的面积或密度。而陶瓷、玻璃等脆性材料的硬度往往采用刻画法来测定，称为莫氏硬度，根据刻画矿物（滑石、石膏、磷灰石、正长石、硫铁矿、黄玉、金刚石等）不同分为10级。

材料抵抗外物磨损的性质称为耐磨性。硬度大、强度高的材料，其耐磨性好。铁路的钢轨和用于路面、地面、桥面、阶梯等部位的材料，都要求使用耐磨性好的材料。

三、材料的耐久性

材料的耐久性泛指材料在使用条件下，受各种内在或外来自然因素及有害介质的作用，能长久地不改变其原有性质、不破坏，长久地保持其使用性能的性质。

（一） 材料经受的环境作用

在建（构）筑物使用过程中，材料除内在原因使其组成、构造、性能发生变化外，还长期受到使用条件及环境中许多自然因素的作用，这些作用包括物理、化学、机械及生物的作用。

1. 物理作用

物理作用包括环境温度、湿度的交替变化，即干湿变化、温度变化及冻融变化等。这些作用将使材料发生体积的胀缩，或导致内部裂缝的扩展。时间长久之后会使材料逐渐破坏。

在寒冷地区，冻融变化对材料会起显著的破坏作用。在高温环境下，经常处于高温状态的建（构）筑物，所选用的材料要具有耐热性能。

2. 化学作用

化学作用包括大气、环境水及使用条件下酸、碱、盐等液体或有害气体对材料的侵蚀作用。

3. 机械作用

机械作用包括使用荷载的持续作用，交变荷载引起材料疲劳、冲击、磨损、磨耗等。

4. 生物作用

生物作用包括菌类、昆虫等的作用，使材料腐朽、蛀蚀而破坏。

耐久性是材料的一项综合性质，各种材料耐久性的具体内容，因其组成和结构不同而不同。例如，钢材易受氧化而锈蚀；砖、石料、混凝土等矿物材料，多是由于物理作用而破坏，也可能同时会受到化学作用的破坏；其他无机非金属材料常因氧化、风化、碳化、溶蚀、冻融、热应力、干湿交替作用等而破坏；木材等有机材料常因生物作用腐烂、虫蛀而破坏；沥青材料、高分子材料在阳光、空气和热的作用下会逐渐老化而使材料变脆或开裂而变质。

（二）材料耐久性的测定

对材料耐久性的判断，最可靠的是对其在使用条件下进行长期的观察和测定，但这需要很长时间。为此，通常采用快速检验法进行检验，这种方法是模拟实际使用条件，将材料在实验室进行有关的快速试验，根据试验结果对材料的耐久性进行判定。在实验室进行快速试验的项目主要有干湿循环、冻融循环、加湿和紫外线干燥循环、盐溶液浸渍与干湿循环、化学介质浸渍等。通过这些试验进行材料的抗渗性、抗冻性、抗腐蚀性、抗碳化性、抗侵蚀性、抗碱—骨料反应等检测，用这些综合的性能指标进行材料耐久性的评定。

材料的耐久性指标是根据工程所处的环境条件来决定的。例如，处于冻融环境的工程，所用材料的耐久性以抗冻性指标来表示；处于暴露环境的有机材料，其耐久性以抗老化能力来表示。

(三) 提高材料耐久性的意义

在设计建（构）筑物使用材料时，必须考虑材料的耐久性问题，因为只有选用耐久性好的材料，才能保证材料的经久耐用。提高材料的耐久性，可以节约工程材料、保证建（构）筑物长期安全、减少维修费用、延长建（构）筑物使用寿命。

四、材料的装饰性

装饰材料也称为饰面材料，是指装修各类土木建（构）筑物以提高其使用功能和美观，保护主体结构在各种环境因素下的稳定性和耐久性的材料及其制品。装饰性是装饰材料的主要性能要求之一。它是指材料的外观特性给人的感觉效果，即对人的视觉、情绪、感觉等精神方面的活动带来的影响。材料的装饰性主要包括颜色、光泽、透明性、纹样、质感等。

(一) 颜色

材料的颜色反映了材料的色彩特征。色彩是构成一个建（构）筑物外观乃至影响环境的重要因素。不同的色彩以及不同的色彩组合，能给人以不同的感觉。如红、橙、黄等色使人联想到太阳、火焰而感到温暖，故称为暖色；见到绿、蓝、紫等色会让人联想到森林、大海、蓝天而感觉凉爽，故称冷色。暖色调让人感到热烈、兴奋、温暖，冷色调让人感到宁静、幽雅、清凉。因此在选择装饰材料时，应充分考虑色彩给人的心理作用，创造符合实际要求的空间环境。

材料表面的颜色决定于三个方面的因素：与材料对光谱的吸收、反射、透射的作用；人眼观察材料时照射于材料上的光线的光谱组成；观察者眼睛对光谱的敏感性。由于这几方面因素的作用，不同的人对同一种颜色的感觉是不同的，材料的颜色通常用标准色板进行比较，或者用光谱分光度仪进行测定。

(二) 光泽

光泽是材料表面方向性反射光线的性质。它对形成于材料表面上的物体形象的清晰程度起着决定性的作用。不同的光泽度，可改变材料表面的明暗程度，并可扩大视野或造成不同的虚实对比。当光线射到物体表面，若经物体表面反射形成的光线是集中的，称为镜面反射；若反射的光线分散在各个方向，则称为漫反射。镜面反射是材料产生光泽的主要原因。材料的光泽度与材料表面的平整程度、材料的材质、光线的投射及反射方向等因素有关，材料表面越光滑，光线反射越强，则光泽度越高。如釉面砖、磨光石材、镜面不锈钢等材料具有较高的光泽度，而毛石、无釉陶瓷等材料光泽度较低。材料的光泽度可用光电光泽计测定。

（三）透明性

透明性是指光线透过物体时所表现的光学特性。能透视的物体是透明体，如普通平板玻璃；能透光但不透视的物体为半透明体，如磨砂玻璃；不能透光透视的物体为不透明体，如混凝土、木材。利用不同的透明度可隔断或调节光线的明暗，造成特殊的光学效果，也可使物像清晰或朦胧。如发光顶棚的罩面材料一般用半透明体，这样可将灯具的外形遮住但又能透过光线，既美观又符合室内照明需要；商业橱窗就需要用透明性非常高的玻璃，从而使顾客能看清所陈列的商品。

（四）纹样

纹样也称为纹理，是指材料表面所呈现的线条花纹。例如，木材、大理石及人造石材具有不同的纹理或纹样，而单色的墙布、抹灰面就没有纹理。可由各种纹理式样构成花样，如用彩色壁纸、花饰板面构成各种图案花纹。

（五）质感

质感是通过材料质地、表面构造、光泽等，产生对装饰材料的感觉。材料的表面常呈现细致或粗糙、平整或凹凸、密实或疏松等质感效果。材料的质地不同，给人的感受不同。例如，质地粗糙的材料，使人感到浑厚、稳重，因其可以吸收部分光线，会使人感受到一种光线柔和之美；质地细腻的材料，使人感觉到精致、轻巧，其表面有光泽，从而使人感受到一种明亮、洁净之美。装饰材料的质感主要来源于材料本身的质地、结构特征，还取决于材料的加工方法和加工程度。

第二节 建筑工程材料的常见类型

一、气硬性胶凝材料

胶凝材料是指在一定条件下，经过一系列物理、化学作用，能将散粒材料（砂、石子等）或块状材料（砖、板、砌块等）黏结为一个整体并具有一定强度的材料。

按化学成分的不同，胶凝材料可分为两大类：无机胶凝材料和有机胶凝材料。工程常见无机胶凝材料有水泥、石灰、石膏、水玻璃等；有机胶凝材料有沥青、树脂、有机高分子聚合物等。按硬化条件的不同，无机胶凝材料又可分为两大类：气硬性胶凝材料和水硬性胶凝材料。气硬性胶凝材料只能在空气中硬化、保持或继续发展强度，如石灰、石膏和水玻璃等；水硬性胶凝材料不仅能在空气中，还能更好地在水中硬化、保持或继续发展强度，如各种水泥。

将无机胶凝材料分为气硬性胶凝材料和水硬性胶凝材料，有重要的指导价值。气硬性胶凝材料一般只能适用于地上或干燥环境中，而不宜用于潮湿环境中，更不能用于水中。水硬性胶凝材料既适用于地上工程，也适用于地下或水中工程。

（一）石灰

石灰是建筑上使用较早的矿物胶凝材料之一，由于其原料丰富、生产简单、成本低廉、胶结性能较好，至今仍广泛应用于建筑中。

1. 石灰的生产

生产石灰的主要原料是石灰岩，其主要成分是碳酸钙和碳酸镁，还有黏土等杂质。此外，还可以利用化工副产品，如用碳化钙制取乙炔时产生的主要成分是氢氧化钙的电石渣等。

高温煅烧碳酸钙时分解和排出二氧化碳而主要得到氧化钙。在实际生产中，为了加快石灰石分解，煅烧温度一般高于900℃，常在1000~1200℃，若煅烧温度过低，$CaCO_3$尚未分解，表观密度大，就会产生不熟化的欠火石灰，这种石灰的产浆量较低，有效氧化钙和氧化镁含量低。使用时黏结力不足，质量较差。若煅烧温度过高、时间过长，分解出的CaO与原料中的SiO_2和Al_2O_3等杂质熔结，就会产生熟化很慢的过火石灰。过火石灰如用于工程上，其细小颗粒会在已经硬化的砂浆中吸收水分，发生水化反应而体积膨胀，引起局部鼓泡或脱落，影响工程质量。品质好的石灰煅烧均匀，与水作用速度快，灰膏产量高。所以掌握合适的煅烧温度和时间十分重要。

2. 石灰的品种

（1）建筑生石灰。建筑生石灰由石灰石煅烧生成的白色疏松结构的块状物，主要成分为CaO。

（2）建筑生石灰粉。建筑生石灰粉由块状生石灰磨细而成，主要成分为CaO。

（3）消石灰粉（也叫熟石灰）。消石灰粉将生石灰用适量的水经消化和干燥制成的粉末，主要成分为Ca（OH）$_2$。

（4）石灰膏。将块状生石灰用过量水（为生石灰体积的3~4倍）消化，或将消石灰粉与水拌和，所得具有一定稠度的膏状物，主要成分为 Ca（OH）$_2$和水。

（5）石灰乳。石灰乳由生石灰加大量水消化而成的一种乳状液体，主要成分Ca（OH）$_2$与 H$_2$O。

石灰石煅烧后首先得到块状生石灰：在实际使用中，通常要根据用途以及施工条件将块状生石灰加工成不同的物理形态，以便使用。

3. 石灰的熟化和硬化

（1）石灰的熟化

工地上在使用石灰时，通常将生石灰加水，使之消解为膏状或粉末状的消石灰，这个过程称为石灰的熟化，又称石灰的消化或消解。

煅烧良好的石灰的熟化反应速度快，同时会放出大量的热，反应过程中固相体积增大1.5~2倍。如前所述，过火石灰水化极慢，它要在占绝大多数的正常石灰凝结硬化后才开始慢慢熟化，并产生体积膨胀。从而引起已硬化的石灰体发生鼓包、开裂而被破坏。为了消除过火石灰的危害，通常将生石灰放在消化池中"陈伏"14d 以上才能使用。陈伏期间，石灰浆表面应保持一层水来隔绝空气，防止碳化。

（2）石灰的硬化

石灰的硬化是指石灰浆体由塑性状态逐步转化为具有一定强度的固体的过程。石灰浆体在空气中逐渐硬化，主要包括以下两个过程。

①干燥结晶硬化过程。石灰浆体在干燥过程中，其游离水分蒸发或被周围砌体吸收，各个颗粒间形成网状孔隙结构，在毛细管压力的作用下，颗粒间距逐渐减小，因而产生一定强度。同时 Ca（OH）$_2$逐渐从过饱和溶液中结晶析出，促进石灰浆体的硬化。

②碳化过程。石灰浆体中的 Ca（OH）$_2$与空气中的 CO$_2$和水反应，生成碳酸钙晶体，释放出的水分则被逐渐蒸发。由于碳化作用实际上是 Ca（OH）$_2$与 CO$_2$和水形成的碳酸反应，此过程不能在没有水分的全干状态下进行。由于碳化作用主要发生在与空气接触的表层。随时间延长，生成的碳酸钙层达到一定厚度且较致密，会阻碍 CO$_2$的渗入，也阻碍其内部水分向外蒸发，因此碳化过程缓慢。

4. 石灰的特性

（1）保水性、可塑性好

由生石灰直接消化所得到的石灰浆体中，能形成颗粒极细的氢氧化钙，表面能吸附一层较厚的水膜，使颗粒间的摩擦力减小，具有良好的可塑性，叫作白灰膏。将白灰膏掺入水泥砂浆中，可配制成混合砂浆，能显著提高砂浆的保水性，适用于吸水性砌体材料的砌筑。

（2）硬化慢，强度低

石灰浆体的硬化只能在空气中进行，由于空气中二氧化碳稀薄，不能提供足够的反应物，使碳化甚为缓慢。而且表面碳化后，形成紧密外壳，不利于碳化作用的深入。也不利于内部水分的蒸发，因此石灰是硬化缓慢的材料。石灰硬化后的强度也不高，1∶3的石灰砂浆28d抗压强度通常只有0.2~0.5MPa。

（3）吸湿性强

块状生石灰在放置过程中，会缓慢吸收空气中的水分而自动熟化成消石灰粉，再与空气中的二氧化碳作用生成碳酸钙，从而失去胶结能力。

（4）体积收缩大

由于游离水的大量蒸发，导致内部毛细管失水紧缩，引起体积收缩变形，使石灰硬化体产生裂纹。所以除调成石灰乳作薄层涂刷外，不宜单独使用。工程上常在其中掺入骨料、各种纤维材料等减少收缩。

（5）耐水性差

石灰硬化体的主要成分是氢氧化钙晶体，遇水或受潮时易溶解，使硬化体溃散，所以石灰不宜在潮湿的环境中使用，也不宜单独用于建筑物基础。

5. 石灰的应用

（1）配制砂浆

由于石灰膏和消石灰粉中的氢氧化钙颗粒非常小，调水后石灰具有良好的可塑性和黏结性，常将其配制成砂浆，用于墙体的砌筑和抹面。石灰膏或消石灰粉与砂和水单独配制成的砂浆称石灰砂浆，与水泥、砂和水一起配制成的砂浆称为混合砂浆。

石灰乳和石灰砂浆应用于吸水性较大的基面（如加气混凝土砌块）上时，应事先将基面润湿，以免石灰浆迅速脱水而成为干粉，失去胶结能力。

（2）制作石灰乳涂料

将消石灰粉或熟化好的石灰膏加入适量的水搅拌稀释，形成石灰乳。石灰乳是一种廉价易得的涂料，主要用于内墙和天棚刷白，可增加室内美观度和亮度。石灰乳中可加入各种颜色的耐碱材料，以获得更好的装饰效果；加入少量磨细粒化高炉矿渣粉或粉煤灰，可提高其耐水性；加入聚乙烯醇·干酪素、氯化钙或明矾，可减少涂层粉化现象，提高其耐久性。

（3）拌制三合土和石灰土

石灰与黏土拌和后可制成石灰土，再加砂或炉渣、石屑可制成三合土。三合土和石灰土在强力夯打之下，大大提高了密实度，黏土中的少量活性 SiO_2 和活性 Al_2O_3 与石灰粉水化产物作用，生成了水硬性的水化硅酸钙和水化铝酸钙，从而有一定的耐水性。

三合土和石灰土的应用在我国已有几千年的历史，主要用于建筑物的基础、路面或地面的基层、垫层。

（4）生产硅酸盐制品

以石灰和硅质材料（如粉煤灰、石英砂、炉渣等）为原料，加水拌和，经成型、蒸养或蒸压处理等工序而成的建筑材料，统称硅酸盐制品。如蒸压灰砂砖、粉煤灰砌块/硅酸盐砌块等，主要用作墙体材料。生石灰的水化产物 $Ca(OH)_2$ 能激发粉煤灰、炉渣等硅质工业废渣的活性，起碱性激发作用，$Ca(OH)_2$ 能与废渣中的活性 SiO_2、Al_2O_3 反应，生成有胶凝性、耐水性的水化硅酸钙和水化铝酸钙。此原理在利用工业废渣来生产建筑材料时被广泛采用。

（二）石膏

石膏是一种历史悠久、应用广泛的气硬性无机胶凝材料，其主要化学成分为硫酸钙，其建筑性能优良，制作工艺简单，与石灰、水泥并列为三大胶凝材料。我国石膏资源丰富且分布较广，已探明的天然石膏储量居世界之首。同时，化学石膏生产量巨大。近年来，石膏板、建筑饰面板等石膏制品发展迅速，已成为极有发展前途的新型建筑材料之一。

1. 石膏的生产

根据硫酸钙所含结晶水数量的不同，石膏分为二水石膏（$CaSO_4 \cdot 2H_2O$）、半水石膏（$CaSO_4 \cdot 1/2H_2O$）和无水石膏（$CaSO_4$）。石膏胶凝材料品种很多，建筑上使用较多的是建筑石膏（β 型半水石膏）和高强石膏（a 型半水石膏）。

生产石膏的原料有天然二水石膏、天然无水石膏和化工石膏等。天然二水石膏（$CaSO_4 \cdot 2H_2O$）又称生石膏或软石膏，是生产建筑石膏、高强石膏的主要原料。无水石膏（$CaSO_4$）又称硬石膏，可用于生产无水石膏水泥和高温煅烧石膏等。化工石膏是含有二水石膏（$CaSO_4 \cdot 2H_2O$）的化工副产品及废渣，如磷石膏、氟石膏和排烟脱硫石膏等。

将石膏生产原料破碎、加热和磨细，由于加热方式与加热温度的不同，可生产出不同品种的石膏。

将二水石膏（天然的或化工石膏）在常压下加热到 107~170℃，使其脱水生成 β 型半水石膏，磨细后即为建筑石膏；二水石膏在加压蒸气（0.13MPa，125℃）中加热可生成 a

型半水石膏，磨细后即高强石膏。

当加热至 170~200℃时，石膏继续脱水，成为可溶性硬石膏（$CaSO_4 I$），与水调和后仍能很快凝结硬化；当加热高于 400℃时，成为不溶性硬石膏（$CaSO_4 II$），又称死烧石膏，若加入硫酸盐、石灰、煅烧白云石等激发剂磨细混合，可制得无水石膏水泥；当温度高于 800℃时，使部分 $CaSO_4$ 分解成 CaO，磨细后可制成高温煅烧石膏（$CaSO_4 III$），又称地板石膏，水化硬化后具有较高的强度，抗水性好，耐磨性高，适宜做地板。

2. 建筑石膏的水化与硬化

（1）建筑石膏的水化

建筑石膏是白色、粉末状材料，易溶于水，干燥状态下的密度为 $2.60~2.75g/cm^3$，堆积密度为 $800~1000kg/m^3$。将建筑石膏与适量的水拌和可得到具有可塑性的浆体，构成半水石膏水体系，在该体系中半水石膏将与水发生化学反应生成二水石膏，该反应叫作石膏的水化反应，简称水化。

建筑石膏加水，首先是溶解于水，然后发生上述反应，生成二水石膏。由于二水石膏的溶解度较半水石膏的溶解度小，因此半水石膏的水化产物二水石膏在过饱和溶液中沉淀并析出，促使上诉反应不断向右进行，直至全部转变为二水石膏为止。

（2）建筑石膏的凝结与硬化

随着水化的不断进行，生成的二水石膏胶体微粒不断增多，这些微粒较原来的半水石膏更加细小，比表面积很大，吸附着很多水分；同时浆体中自由水分由于水化和蒸发而不断减少，浆体的稠度不断增加，胶体微粒间的搭接、黏结逐步增强，颗粒间产生摩擦力和黏结力，使得浆体逐渐失去可塑性，即浆体逐渐凝结。随着水化的不断进行，二水石膏胶体微粒凝聚并转变为晶体，彼此互相联结，使石膏具有了强度，即浆体产生了硬化。

浆体的凝结硬化过程是一个连续进行的过程。浆体开始失去可塑性的状态称为初凝；从加水拌和到发生初凝所用的时间称为初凝时间；浆体完全失去可塑性并开始产生强度的状态称为终凝；从加水拌和到发生终凝所用的时间称为终凝时间。

3. 建筑石膏的性质

（1）密度与堆积密度

建筑石膏的密度为 $2600~2750kg/m^3$，堆积密度为 $800~1000kg/m^3$，属轻质材料。

（2）凝结硬化快

建筑石膏加水拌和后，初凝时间不小于 6min，终凝时间不大于 30min，一周左右完全硬化。施工时可根据需要做适当调整，加速凝固可掺入少量磨细的未经煅烧的石膏；缓凝可掺入硼砂、亚硫酸盐、酒精废液等。

（3）硬化后体积微膨胀

石膏浆体凝结硬化时不像石灰和水泥那样出现体积收缩，反而略有膨胀（膨胀量约0.1%），这一特性使石膏制品在硬化过程中不会产生裂缝，造型棱角清晰饱满，适宜制作建筑艺术配件及建筑装饰件等。

（4）孔隙率大、强度较低

石膏硬化后由于多余水分的蒸发，内部形成大量的毛细孔，石膏制品的孔隙率可达50%~60%，表观密度小，导热性较小，强度较低。而保温、隔热、吸声性能较好，可做成轻质隔板。

（5）具有一定的调湿性

由于石膏制品内部的大量毛细孔隙而产生的呼吸功能，可起到调节室内湿度、温度的作用，从而创造出舒适的工作和生活环境。

（6）防火性能好、耐火性差

建筑石膏制品的防火性能表现在以下三个方面：

①在火灾时，二水石膏中的结晶水蒸发成水蒸气，吸收大量热；

②石膏中结晶水蒸发后产生的水蒸气形成蒸汽幕，能阻碍火势蔓延；

③脱水后的石膏制品隔热性能更好，形成隔热层，并且无有害气体产生。

但是，石膏制品若长期靠近65℃以上高温的部位，二水石膏就会脱水分解，强度降低，不再耐火。

（7）耐水性和抗冻性差

由于建筑石膏硬化后孔隙率较大，二水石膏又微溶于水，具有很强的吸湿性和吸水性。如果处在潮湿环境中，晶体间的黏结力就会削弱，强度显著降低，遇水则晶体溶解而引起破坏，所以石膏及其制品的耐水性较差，不能用于潮湿环境中，但经过加工处理可做成耐水纸面石膏板。

4. 建筑石膏的应用

建筑石膏在土木工程中主要用作室内抹灰、粉刷，建筑装饰制品和石膏墙体材料。

（1）室内粉刷及抹灰

粉刷石膏是由建筑石膏或建筑石膏与不溶性硬石膏两者混合后再掺入外加剂、细集料等制成的气硬性胶凝材料，主要用于建筑物内墙表面的粉刷。由于不耐水，故建筑石膏不宜在外墙中使用。粉刷石膏按用途分为三类：面层粉刷石膏（M）、底层粉刷石膏（D）、保温层粉刷石膏（W）。

（2）建筑装饰制品

以杂质含量少的建筑石膏为主要原料，掺入少量纤维增强材料和建筑胶水，再经注模成型、干燥硬化后制成石膏装饰制品。石膏装饰制品的品种有石膏浮雕艺术线条、线板、灯圈、花饰、壁炉、罗马柱等，适用于中高档室内装饰。

（3）石膏墙体材料

石膏墙体材料包括纸面石膏板、空心石膏板、纤维石膏板和石膏砌块等，可作为装饰吊顶、分室墙隔板墙或保温、隔声、防火材料等使用。

（三）水玻璃

水玻璃是一种气硬性胶凝材料，在建筑工程中常用来配制水玻璃胶泥和水玻璃砂浆、水玻璃混凝土，以及单独使用水玻璃为主要原料配置涂料。水玻璃在防酸工程和耐热工程中的应用非常广泛。

1. 水玻璃的生产与组成

（1）水玻璃的生产

制造水玻璃的方法很多，大体分为湿制法和干制法两种。其原料是含 SiO_2 为主的石英岩、石英砂、砂岩、无定形硅石及硅藻土等，以及含 Na_2O 为主的纯碱（Na_2CO_3）、小苏打、硫酸钠（Na_2SO）及苛性钠（$NaOH$）等。

①湿制法。该方法生产硅酸钠水玻璃是根据石英砂能在高温烧碱中溶解生成硅酸钠的原理进行的。

②干制法。该方法根据原料的不同可分为碳酸钠法、硫酸法等。最常用的碳酸钠法生产是根据纯碱（Na_2CO_3）与石英砂（SiO_2）在高温（1350℃）熔融状态下反应后生成硅酸钠的原理进行的。其生产工艺主要包括配料、煅烧、浸溶、浓缩几个过程。

所得产物为固体块状的硅酸钠，然后用非蒸压法（或蒸压法）溶解，即可得到常用的水玻璃。如果采用碳酸钾代替碳酸钠，则可得到相应的硅酸钾水玻璃。由于钾、锂等碱金属盐类价格较贵，故相应的水玻璃生产得较少。不过，近年来水溶性硅酸锂的生产也有所发展，多用于要求较高的涂料和胶黏剂。

通常水玻璃成品分为三类：

①块状、粉状的固体水玻璃。它是由熔炉中排出的硅酸盐冷却而得到的，不含水分。

②液体水玻璃。它是由块状水玻璃溶解于水而得到的，产品的模数、浓度、相对密度各不相同。经常生产的品种有：$Na_2O \cdot 2.4SiO_2$ 溶液，浓度有 40°、50° 和 56°波美度三种，模数波动于 2.5~3.2；$Na_2O \cdot 2.8SiO_2$ 及 $K_2O \cdot Na_2O \cdot 2.8SiO_2$ 溶液，浓度为 45°波美度，模

数波动于 2.6~2.9；$Na_2O \cdot 3.3SiO_2$ 溶液，浓度为 40° 波美度，模数波动于 3~3.4；$Na_2O \cdot 3.6SiO_2$ 溶液，浓度为 35° 波美度，模数波动于 3.5~3.7。

③含有化合水的水玻璃。这种水玻璃也称为水化玻璃，它在水中的溶解度比无水水玻璃大。

（2）水玻璃的组成

水玻璃俗称"泡花碱"，是一种无色或淡黄、青灰色的透明或半透明的黏稠液体，是一种能溶于水的碱金属硅酸盐。其化学通式为 $R_2O \cdot nSiO_2$。R_2O 为碱金属氧化物，多为 Na_2O，其次是 K_2O；通常把 n 称为水玻璃的模数。我国生产的水玻璃模数一般都在 2.4~3.3 的范围内，建筑中常用模数为 2.6~2.8 的硅酸钠水玻璃。水玻璃常以水溶液的状态存在，表示为 $R_2O \cdot nSiO_2 + mH_2O$。

水玻璃在其水溶液中的含量（或称浓度）用相对密度来表示。建筑中常用的水玻璃的相对密度为 1.36~1.5。一般来说，当相对密度大时，表示水溶液中水玻璃的含量高，其黏度也大。

2. 水玻璃的硬化

水玻璃是气硬性胶凝材料，在空气中能与 CO_2 发生反应生成硅胶。硅胶（$nSiO_2 \cdot mH_2O$）脱水析出固态的 SiO_2。但这种反应很缓慢，所以水玻璃在自然条件下的凝结与硬化速度也缓慢。

若在水玻璃中加入固化剂，则硅胶析出速度大大加快，从而加速了水玻璃的凝结与硬化。常用的固化剂为氟硅酸钠（Na_2SiF_6）。生成物硅胶脱水后由凝胶转变成固体 SiO_2，具有强度及 SiO_2 的其他一些性质。

氟硅酸钠的掺量一般情况下占水玻璃质量的 12%~15% 较为适宜。若掺量少于 12%，则其凝结与硬化慢、强度低，并且存在没参加反应的水玻璃，当遇水时，残余水玻璃易溶于水；若其掺量超过 15%，则凝结与硬化快，造成施工困难，水玻璃硬化后的早期强度高而后期强度降低。

水玻璃的模数和相对密度对于凝结、硬化速度影响较大。当模数高时（即 SiO_2 相对含量高），硅胶容易析出，水玻璃凝结、硬化快。当水玻璃相对密度小时，溶液黏度小，反应和扩散速度快，凝结、硬化速度也快。当模数低或者相对密度大时，则凝结、硬化都较慢。

此外，温度和湿度对水玻璃凝结、硬化速度也有明显影响。温度高、湿度小时，水玻璃反应加快，生成的硅酸凝胶脱水亦快；反之水玻璃凝结、硬化速度也慢。

3. 水玻璃的性质与应用

水玻璃通常为青灰色或黄灰色黏稠液体，密度为 $1.38 \sim 1.45 kg/m^3$。水玻璃具有黏结力高、耐热性好、耐酸性强的优点，但耐碱性和耐水性较差。

水玻璃在建筑工程中有以下几方面的用途：

（1）涂刷建筑材料表面，提高材料的抗渗和抗风化能力

用浸渍法处理多孔材料时，可使其密实度和强度提高。对黏土砖、硅酸盐制品、水泥混凝土等，均有良好的效果。但不能用以涂刷或浸渍石膏制品，因为硅酸钠与硫酸钙会发生化学反应生成硫酸钠，在制品孔隙中结晶，体积显著膨胀，从而导致制品的破坏。

（2）配制耐热砂浆、耐热混凝土或耐酸砂浆、耐酸混凝土

水玻璃有很高的耐热、耐酸性，以水玻璃为胶凝材料，氟硅酸钠做促硬剂，耐热或耐酸粗细骨科按一定比例配制而成的制品可用于耐腐蚀工程，如水玻璃耐酸混凝土用于储酸槽、酸洗槽、耐酸地坪及耐酸器材等。

（3）配制快凝防水剂

以水玻璃为基料，加入二种、三种或四种矾配制而成二矾、三矾或四矾快凝防水剂。这种防水剂凝结速度非常快，一般不超过 1min。工程上利用它的速凝作用和黏附性，掺入水泥浆、砂浆或混凝土中，作修补、堵漏、抢修、表面处理用。

（4）加固地基，提高地基的承载力和不透水性

将液体水玻璃和氯化钙溶液交替向土壤压入，反应生成的硅酸凝胶将土壤颗粒包裹并填实其空隙。硅酸胶体是一种吸水膨胀的冻状凝胶，因吸收地下水而经常处于膨胀状态，阻止水分的渗透而使土壤固结。

水玻璃应在密闭条件下存放，以免水玻璃和空气中的二氧化碳反应分解，并避免落进灰尘和杂质。长时间存放后，水玻璃会产生一定的沉淀，使用时应搅拌均匀。

（四）菱苦土

菱苦土是一种气硬性无机胶凝材料，主要成分是氧化镁（MgO），是一种白色或黄色的粉末，属镁质胶凝材料。它的原材料主要来源于天然菱镁矿（$MgCO_3$），也可利用蛇纹石（$3MgO \cdot 2SiO_2 \cdot 2H_2O$）、白云石（$MgCO_3 \cdot CaCO_3$）、冶炼镁合金的炉渣（MgO 含量不低于 25%）或从海水中提取。

菱镁矿中的 $MgCO_3$ 一般在 400℃ 时开始分解，在 600 ~ 650℃ 时反应剧烈进行；生产菱苦土时，煅烧温度通常控制在 75~850℃，煅烧得到的块状产物经磨细后，即可得到菱苦土。其密度为 $3.10 \sim 3.40 g/cm^3$，堆积密度为 $800 \sim 900 kg/m^3$。

菱苦土在运输或储存时应避免受潮，也不可久存。菱苦土会吸收空气中的水分而变成 $Mg(OH)_2$，再碳化成 $MgCO_3$，从而失去化学活性。

另外，将白云石在 $650 \sim 750℃$ 温度下煅烧，可生产出以 MgO 和 $CaCO_3$ 为主的混合物，称为苛性白云石。苛性白云石也属镁质胶凝材料，性质及用途与菱苦土相似。

1. 菱苦土的硬化

菱苦土在加水拌合时，MgO 发生水化反应，生成 $Mg(OH)_2$，并放出大量热。

用水调和浆体时，凝结硬化很慢，硬化后的强度也很低。所以经常使用调和剂，以加速其硬化过程的进行，最常用的调和剂是氯化镁溶液，反应生成的氯氧化镁（$xMgO \cdot yMgCl_2 \cdot zH_2O$）和 $Mg(OH)_2$ 从溶液中逐渐析出，并凝结和结晶，使浆体凝结硬化。加入调和剂后，不仅凝结硬化的速度加快，而且强度也得以显著提高。

2. 菱苦土的性质与应用

菱苦土与植物纤维黏结性好，不会引起纤维的分解。因此，菱苦土常与木丝、木屑等木质纤维混合应用，制成菱苦土木屑地板、木丝板及木屑板等制品。

为了提高制品的强度及耐磨性，菱苦土中除加入木屑、木丝外，还加入了滑石粉、石棉、细石英砂、砖粉等填充材料。以大理石或中等硬度的岩石碎屑为骨料，可制成菱苦土磨石地板。

菱苦土地板具有保温、无尘土、耐磨、防火、表面光滑和弹性好等特性，若掺入耐碱矿物颜料，可为地面着色，是良好的地面材料。

菱苦土板有较高的紧密度与强度，可以代替木材制成垫木、柱子等构件。在菱苦土中加入泡沫剂可制成轻质多孔的绝热材料。菱苦土耐水性较差，故这类制品不宜用于长期潮湿的地方。菱苦土在使用过程中，常用氯化镁溶液调制，其氯离子对钢筋有锈蚀作用，故其制品中不宜配制钢筋。

二、水泥

（一）水泥的组成与分类

水泥的品种很多，大多是硅酸盐水泥，其主要化学成分是 Ca、Al、Si、Fe 的氧化物，其中大部分是 CaO，约占 60% 以上；其次是 SiO_2，约占 20%；剩下部分是 Al_2O_3、Fe_2O_3 等。水泥中的 CaO 来自石灰石；SiO_2 和 Al_2O_3 来自黏土；Fe_2O_3 来自黏土和氧化铁粉。

水泥按用途和性能分为通用水泥、专用水泥和特性水泥三类。通用水泥主要有硅酸盐水泥、普通硅酸盐水泥及矿渣、火山灰质、粉煤灰质、复合硅酸盐水泥等，主要用于土建工程。专用水泥是指有专门用途的水泥，主要用于油井、大坝、砌筑等。特性水泥是某种性能特别突出的水泥，主要有快硬型、低热型、抗硫酸盐型、膨胀型、自应力型等类型。水泥按水硬性矿物组成可分为硅酸盐的、铝酸盐的、硫酸盐的、少熟料的等。

（二）水泥的水化和硬化

水泥的水化硬化是个非常复杂的物理化学过程，水泥与水作用时，颗粒表面的成分很快与水发生水化或水解作用，产生一系列的化合物，反应如下：

$$3CaO \cdot SiO_2 + nH_2O \longrightarrow 2CaO \cdot SiO_2(n-1)H_2O + Ca(OH)_2$$

$$2CaO \cdot SiO_2 + mH_2O \longrightarrow 2CaO \cdot SiO_2 \cdot mH_2O$$

$$3CaO \cdot Al_2O_3 + 6H_2O \longrightarrow 3CaO \cdot Al_2O_3 \cdot 6H_2O$$

$$4CaO \cdot Al_2O_3 \cdot Fe_2O_3 + 7H_2O \longrightarrow 3CaO \cdot Al_2O_3 \cdot 6H_2O + CaO \cdot Fe_2O_3 \cdot H_2O$$

从上述反应可以看出，其水化产物主要有氢氧化钙、含水硅酸钙、含水铝酸钙、含水铁铝酸钙等。它们的水化速度直接决定了水泥硬化的一些特性。

（三）硅酸盐水泥生产

硅酸盐水泥的生产主要经过三个阶段，即生料制备、熟料煅烧与水泥粉磨。

（1）生料制备。生料制备主要将石灰质原料、黏土质原料与少量校正原料经破碎后，按一定比例配合磨细，并调配为成分合适、质量均匀的生料。

（2）熟料煅烧。

①干燥和脱水。对黏土矿物——高岭土在 500~600℃ 下失去结晶水时所产生的变化和产物，主要有两种观点，一种认为产生了无水铝酸盐（偏高岭土），其反应式为

$$Al_2O_3 \cdot 2SiO_2 \cdot 2H_2O \rightarrow Al_2O_3 \cdot 2SiO_2 + 2H_2O$$

另一种认为高岭土脱水分解为无定型氧化硅与氧化铝，其反应式为

$$Al_2O_3 \cdot 2SiO_2 \cdot 2H_2O \rightarrow Al_2O_3 + 2SiO_2 + 2H_2O$$

②碳酸盐分解。生料中的碳酸钙与碳酸镁在煅烧过程中都分解放出二氧化碳，其反应式如下：

$$MgCO_3 \rightleftharpoons MgO + CO_2 - (1047 \sim 1214) J \cdot g^{-1} (590℃)$$

$$CaCO_3 \rightleftharpoons CaO + CO_2 - 1645 J \cdot g^{-1} (890℃)$$

③固相反应。固相反应过程大致如下：

800℃：$CaO \cdot Al_2O_3$（CA）、$CaO \cdot Fe_2O_3$（CF）与 $2CaO \cdot SiO_2$（C_2S）开始形成。

800~900℃：12CaO·7Al₂O₃（C₁₂A₇）开始形成。

900~1100℃：2CaO·Al₂O₃·SiO₂（C₂AS）形成后又分解。3CaO·Al₂O₃（C₃A）和 4CaO·Al₂O₃·Fe₂O₃（C₄AF）开始形成。所有碳酸钙均分解，游离氧化钙达最高值。

1100~1200℃：C₃A 和 C₄A 大量形成，C₂S 含量达最大值。

（3）熟料煅烧。煅烧水泥熟料的窑型分为回转窑和立窑两类。以湿法回转窑为例。湿法回转窑用于煅烧含水 30%~40% 的料浆。图 3-1 为一台 φ 5/4.5×135 m 湿法回转窑内熟料煅烧过程。

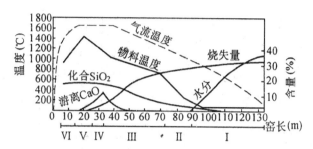

图 3-1　φ 5/4.5×135 m 湿法回转窑内熟料形成过程

Ⅰ-干燥带；Ⅱ-预热带；Ⅲ-碳酸盐分解带；

Ⅳ-放热反应带；Ⅴ-烧成带；Ⅵ-冷却带

燃料与一次空气由窑头喷入，和二次空气（由冷却机进入窑头与熟料进行热交换后加热了的空气）一起进行燃烧，火焰温度高达 1650~1 700℃。燃烧烟气在向窑尾运动的过程中，将热量传给物料，温度逐渐降低，最后由窑尾排出。料浆由窑尾喂入，在向窑头运动的同时，温度逐渐升高并进行一系列反应，烧成熟料由窑头卸出，进入冷却棚。

料浆入窑后，首先发生自由水的蒸发过程，当水分接近零时，温度达 150℃ 左右的干燥带。随着物料温度上升，发生黏土矿物脱水与碳酸镁分解过程。进入预热区。

物料温度升高至 750~800℃ 时，烧失量开始明显减少，氧化硅开始明显增加，表示同时进行碳酸钙分解与固相反应。物料因碳酸钙分解反应吸收大量热而升温缓慢。当温度升到大约 1100℃ 时，碳酸钙分解速度极为迅速，游离氧化钙数量达极大值。这一区域称为碳酸盐分解带。

碳酸盐分解结束后，固相反应还在继续进行，放出大量的热，再加上火焰的传热，物料温度迅速上升 300℃ 左右，这一区域称为放热反应带。

在 1250~1280℃ 时开始出现液相，一直到 1450℃，液相量继续增加，同时游离氧化钙被迅速吸收，水泥熟料化合物形成，这一区域称为烧成带。

熟料继续向前运动，与温度较低的二次空气进行热交换，熟料温度下降，这一区域称为冷却带。

三、混凝土

在现代土木工程中，混凝土是使用量最大、使用范围最广的一种建筑材料。世界上每年混凝土的总产量超过 100 亿吨，可以说在世界上的每个城市都可见到混凝土的踪迹。

混凝土本身的概念就和石材有一定的关系，20 世纪人们创造出了一个新的文字"砼"是人工石的意思，以此来作为混凝土的缩写。在混凝土中不可缺少的组成成分有石块或石粉，因此它本身就可看成一种石材。经过加工后的混凝土在硬度和色彩上与石头更加的相似，但在运输和加工上比石材更容易。.

混凝土是通过聚集体连接形成的工业复合材料。通常，混凝土是指水泥作集料而用石头和沙子作骨料，广泛用于土木工程。混凝土在土木工程领域，可以说是当之无愧的"老大"，无论是在基础设施、住房方面，还是在市政、水利等方面，都可以看到混凝土与我们近在咫尺，与人类生活的环境密切相连。从混凝土最初的萌芽到今天的使用，这期间经过了漫长的发展。在发展的过程中，混凝土在土木工程与建筑方面起着不可或缺的作用，这一切都表明了混凝土是人类智慧的结晶。

（一）混凝土材料的组成

混凝土是由无机胶凝材料（如石灰、石膏、水泥等）和水，或有机胶凝材料（如沥青、树脂等）的胶状物，与集料按一定比例配合、搅拌，并在一定温湿条件下养护硬化而成的一种复合材料。

传统水泥混凝土的基本组成材料是水泥、粗细骨料和水。其中，水泥浆体占 20% ~ 30%，砂石骨料占 70%左右。水泥浆在硬化前起润滑作用，使混凝土拌和物具有可塑性，在混凝土拌和物中，水泥浆填充砂子孔隙，包裹砂粒，形成砂浆，砂浆又填充石子孔隙，包裹石子颗粒，形成混凝土浆体；在混凝土硬化后，水泥浆则起胶结和填充作用。水泥浆多，混凝土拌和物流动性大，反之干裯；混凝土中水泥浆过多则混凝土水化温升高，收缩大，抗侵蚀性不好，容易引起耐久性不良。粗细骨料主要起骨架作用，传递应力，给混凝土带来很大的技术优点，它比水泥浆具有更高的体积稳定性和更好的耐久性，可以有效减少收缩裂缝的产生和发展。

现代混凝土中除了以上组分外，还多加入化学外加剂与矿物细粉掺和料。化学外加剂的品种很多，可以改善、调节混凝土的各种性能，而矿物细粉掺和料则可以有效提高混凝土的新拌性能和耐久性，同时降低成本。

1. 水泥

水泥是混凝土中最重要的组成材料，且价格相对较贵。配制混凝土时，如何正确选择水泥的品种及强度等级直接关系到混凝土的强度、耐久性和经济性。水泥是混凝土胶凝材料，是混凝土中的活性组分，其强度大小直接影响混凝土强度的高低。在配合比相同条件下，所用水泥强度越高，水泥石的强度以及它与集料间的黏结强度也越大，进而制成的混凝土强度也越高。

2. 骨料

骨料也称集料，是混凝土的主要组成材料之一。在混凝土中起骨架和填充作用。粒径大于 5mm 的称为粗骨料，粒径小于 5mm 的称为细骨料。普通混凝土常用粗骨料有碎石和卵石（统称为石子），常用细骨料一般分为天然砂、人工砂以及混合砂。其中天然砂主要包括山砂、河砂和海砂三种；人工砂是指由机械破碎、筛分，粒径小于 5mm 的岩石颗粒，但不包括软质岩石、风化岩石的颗粒；混合砂系指由天然砂与机制砂混合而成的砂、混合物砂没有规定混合比例，只要求能满足混凝土各项性能的需要，但必须指出，一旦使用混合砂，无论天然砂的比例占多大，都应当执行人工砂的技术要求和检验方法。《建筑用砂》（GB/T 14684—2011）规定，建筑用砂按技术质量要求分为Ⅰ类、Ⅱ类、Ⅲ类。Ⅰ类用于强度等级大于 C60 的混凝土；Ⅱ类宜用于强度等级大于 C30 ~ C60 及有抗冻、抗渗或其他要求的混凝土；Ⅲ类宜用于强度等级小于 C30 的混凝土。普通混凝土粗细骨料的质量标准和检验方法依据 JGJ52—2006 进行。

3. 混凝土拌和及养护用水

与水泥、骨料一样，水也是生产混凝土的主要成分之一。没有水就不可能生产混凝土，因为水是水泥水化和硬化的必备条件。然而，过多的水又势必影响混凝土的强度和耐久性等性能。多余的拌合用水还有以下两个特点：

①与水泥和骨料不同，水的成本很低，可以忽略不计，因此用水量过多并不会增加混凝土的造价；

②用水量越多，混凝土的工作性越好，更适用于工人现场浇筑新混凝土拌和物。

实际上，影响强度和耐久性并不是高用水量本身，而是此带来的高水胶比。换句话说，只要按比例增加水泥用量以保证水胶比不变，为了提高浇筑期间混凝土的工作性，混凝土的用水量也可以增大。

混凝土拌合用水按水源可分为饮用水、地表水、地下水海水以及经适当处理或处置后的工业废水。混凝土拌合用水的基本质量要求是：不能含影响水泥正常凝结与硬化的有害物质；无损于混凝土强度发展及耐久性；不能加快钢筋锈蚀；不引起预应力钢筋脆断；保证混凝土表面不受污染。

符合国家标准的生活饮用水可以用来拌制和养护混凝土。地表水和地下水需按 JGJ 63《混凝土拌合用水标准》检验合格方可使用。海水中含有硫酸盐、镁盐和氯化物，对水泥石有侵蚀作用，对钢筋也会造成锈蚀，一般不得用海水拌制混凝土。工业废水必须经检验合格才可使用。

4. 混凝土外加剂

混凝土外加剂是指在拌制混凝土过程中，根据不同的要求，为改善混凝土性能而掺入的物质。其掺量一般不大于水泥质量的 5%（特殊情况除外）。

（1）混凝土外加剂的分类

由于外加剂加入，可显著改善混凝土某种性能，如改善拌和物工作性、调整水泥凝结硬化时间、提高混凝土强度和耐久性、节约水泥等。混凝土外加剂已在混凝土工程中广泛使用，甚至已成为混凝土中不可缺少的组成材料，因此俗称混凝土第五组分。

混凝土外加剂种类很多，按其主要功能可分为四类：能改善混凝土拌和物流变性能的外加剂（如减水剂引气剂和泵送剂等）；能调节混凝土凝结时间，硬化性能的外加剂（如缓凝剂、早强剂和速凝剂等）；能改善混凝土耐久性的外加剂（如引气剂、防水剂和阻锈剂等）；以及能改善混凝土其他性能的外加剂（如引气剂、膨胀剂、防冻剂、着色剂、防水剂等）。

（2）常用混凝土外加剂

①减水剂。减水剂是指在混凝土坍落度基本相同的条件下，以减少拌合用水量的外加剂。混凝土拌和物掺入减水剂后，可提高拌和物流动性，减少拌和物的泌水离析现象，延缓拌和物凝结时间，减缓水泥水化热放热速度，显著提高混凝土强度、抗渗性和抗冻性。

②早强剂。能加速混凝土早期强度发展的外加剂称早强剂。早强剂主要有氯盐类、硫酸盐类、有机胺三类以及它们组成的复合早强剂。

③引气剂。在搅拌混凝土过程中能引入大量均匀分布的、稳定而封闭的微小气泡（直径在 $10 \sim 100 \mu m$）的外加剂，称为引气剂。主要品种有松香热聚物松脂皂和烷基苯碳酸盐等。其中，以松香热聚物的效果较好，最常使用。松香热聚物是由松香与硫酸苯酚起聚合反应，再经氢氧化钠中和而得到的憎水性表面活性剂。

④缓凝剂。缓凝剂是指能延缓混凝土凝结时间，并对其后期强度无不良影响的外加剂。由于缓凝剂能延缓混凝土凝结时间，使拌和物能较长时间内保持塑性，有利于浇注成型，提高施工质量，同时还具有减水、增强和降低水化热等多种功能，且对钢筋无锈蚀作

用。多用于高温季节施工、大体积混凝土工程、泵送与滑模方法施工以及商品混凝土等。

⑤速凝剂。能使混凝土迅速凝结硬化的外加剂，称速凝剂。主要种类有无机盐类和有机物类。常用的是无机盐类。速凝剂的作用机理：速凝剂加入混凝土后，其主要成分中的铝酸钠、碳酸钠在碱性溶液中迅速与水泥中的石膏反应生成硫酸钠，使石膏丧失其原有的缓凝作用，从而导致铝酸钙矿物 C_3A 迅速水化，并在溶液中析出其水化产物晶体，致使水泥混凝土迅速凝结。

⑥防冻剂。防冻剂是指在一定负温条件下，能显著降低冰点使混凝土液相不冻结或部分冻结，保证混凝土不遭受冻害，同时保证水与水泥能进行水化，并在一定时间内获得预期强度的外加剂。实际上防冻剂是混凝土多种外加剂的复合。主要有早强剂、引气剂、减水剂、阻锈剂、亚硝酸钠等。

⑦阻锈剂。阻锈剂是指能减缓混凝土中钢筋或其他预埋金属锈蚀的外加剂，也称缓蚀剂。常用的是亚硝酸钠。有的外加剂中含有氯盐，氯盐对钢筋有锈蚀作用，在使用这种外加剂的同时应掺入阻锈剂，可以减缓对钢筋的锈蚀，从而达到保护钢筋的目的。

（二）混凝土的特性

1. 和易性

和易性意味着混凝土的混合比在施工过程中易于处理，质量均匀。和易性是一种综合技术性，主要包括以下三个方面：流动性、凝聚性和保水性。

流动性：指混凝土混合料在其自身重量或工程机械作用下，能产生流动，且分布均匀。

凝聚性：是指混凝土混合料在施工过程中具有一定的黏结力，不产生分离和离析的现象。

保水性：在施工过程中，混凝土混合物具有一定的持水能力，不会引起严重的泌水。

确定混凝土的和易性及其性能有很多方法和指标。在中国，用截头圆锥测量的坍落度（毫米）和用振动计测量的振动时间（秒）作为一致性的主要指标。

影响和易性的主要因素有：胶凝材料浆料的体积和耗水量、砂比、组成材料性能、施工条件、环境、温度和储存时间，混凝土混合料的凝结时间。

2. 强度

硬化混凝土最重要的机械性能是混凝土的压缩、拉伸、弯曲和剪切性能。水灰比、骨料的品种和用量以及搅拌、成型、保养等都直接影响混凝土的强度等级，以标准抗压强度为基准（150mm 的长度为标准试件，在标准固化条件下保持 28d。立方体的抗压强度根据混凝土的强度等级确定。按标准测试方法，保存率为 95%）。标记为 C10、C15、C20、C25、C30、C35、C40、C45、C50、C55、C60、C65、C70、C75、C80、C85、C90、C95、C100。混凝土的抗拉强度在抗压强度的 1/10 和 1/20 之间。提高混凝土的强度和抗压强度是混凝土改性的一个重要方面。影响混凝土强度的因素有：水灰比，水灰比越低，混凝土强度越高；骨料性能越好，效果越好。

3. 变形

混凝土因应力和温度而变形，例如弹性变形、塑性变形。混凝土在短时间内的弹性变形主要用弹性模量表示。在长期负荷下，恒定应力和变形增加的现象是蠕变。压力的持续减少是缓解。由水泥水化、渗碳体碳化和水分损失引起的体积变形称为收缩。硬化混凝土的变形主要来自两个方面：环境因素（温度、湿度变化）和外部荷载因素。

荷载作用下的变形可分为弹性变形和非弹性变形。

非荷载变形可分为收缩变形（干缩、自缩）和膨胀变形（湿胀）。

复合作用下的变形：徐变。

4. 耐久性

混凝土的耐久性包括三个方面：抗渗性、抗冻性和耐蚀性。一般来说，混凝土具有良好的耐久性。然而，在寒冷地区，尤指水位变化和冻融频繁交替的工程区，混凝土易受破坏。因此，混凝土应该有一定的抗冻要求。对于长期处于水中和湿润环境，混凝土必须具有良好的抗渗性和耐腐蚀性。

（三）轻混凝土

表观密度不大于 1950kg/m³ 的混凝土称为轻混凝土。轻混凝土按其所用材料及配制方法的不同可分为轻骨料混凝土、多孔混凝土和大孔混凝土三类。

1. 轻骨料混凝土

轻骨料混凝土是用轻粗骨料、轻细骨料或普通细骨料、水泥、水、外加剂和掺和料配制而成的混凝土，其表观密度不大于 1950kg/m³。常以所用轻骨料的种类命名，如浮石混凝土、粉煤灰陶粒混凝土、黏土陶粒混凝土、页岩陶粒混凝土、膨胀珍珠岩混凝土等。

轻骨料混凝土按其所用细骨料种类分为全轻混凝土和砂轻混凝土。全部粗细骨料均采用轻骨料的混凝土称为全轻混凝土；粗骨料为轻骨料，而细骨料部分或全部采用普通砂者称为砂轻混凝土。轻骨料混凝土按其用途分为保温轻骨料混凝土、结构保温轻骨料混凝土和结构轻骨料混凝土三类。

　　轻骨料混凝土按其表观密度在 800～1900kg/m³ 范围内共分为 11 个密度等级。其强度等级与普通混凝土的强度等级相对应，按立方体抗压强度标准值划分为 CL5.0、CL7.5、CLIO、CL15、CL20、CL25、CL30、CL35、CL40、CL45、CL50。

　　轻骨料混凝土受力后，由于轻骨料与水泥石的界面黏结十分牢固，水泥石填充于轻骨料表面孔隙中且紧密地包裹在骨料周围，使得轻骨料在混凝土中处于三向受力状态。坚固的水泥石外壳约束了骨料粒子的横向变形，故轻骨料混凝土的强度随水泥石的强度和水泥用量的增加而提高，其最高强度可以超过轻骨料本身强度的好几倍。当水泥用量和水泥石强度一定时，轻骨料混凝土的强度又随骨料本身强度的增高而提高。如果用轻砂代替普通砂，混凝土强度将显著下降。

　　轻骨料混凝土的拉压比与普通混凝土比较接近，轴心抗压强度与立方体抗压强度的比值比普通混凝土高。在结构设计时，考虑轻骨料混凝土本身的匀质性较差。

　　轻骨料混凝土的弹性模量一般比同等级普通混凝土低 30%～50%。轻骨料混凝土弹性模量低，也并不完全是一个不利因素。如弹性模量低，极限应变较大，有利于控制结构因温差应力引起的裂缝发展，同时有利于改善建筑物的抗震性能或抵抗动荷载的作用。

　　与普通混凝土相比，轻骨料混凝土的收缩和徐变较大。在干燥空气中，结构轻骨料混凝土最终收缩值为 0.4～1.0mm/m，为同强度普通混凝土最终收缩值的 1～1.5 倍。轻骨料混凝土的徐变比普通混凝土大 30%～60%，热膨胀系数比普通混凝土低 20% 左右。

　　轻骨料混凝土具有良好的保温隔热性能。当其表观密度为 1000～1800kg/m³ 时，导热系数为 0.28～0.87W/（m·K），比热容为 0.75～0.84kJ/（kg·K）。此外，轻骨料混凝土还具有较好的抗冻性和抗渗性，其抗震、耐热、耐火等性能也比普通混凝土好。

　　由于轻骨料混凝土具有以上特点，因此适用于高层和多层建筑、大跨度结构、地基不良的结构、抗震结构和漂浮结构等。

　　轻骨料混凝土配合比设计时，除强度、和易性、经济性和耐久性外，还应考虑表观密度的要求。同时，骨料的强度和用量对轻骨料混凝土强度影响很大，故在轻骨料混凝土配合比设计中，必须考虑骨料性质这个重要影响因素。目前尚无像普通混凝土那样的强度计算公式，故轻骨料混凝土的配合比，大多参考有关经验数据和图表来确定，然后再经试配与调整，找出最优配合比。

　　由于轻骨料具有较大的吸水性能。加入混凝土拌和物中的水，有一部分会被轻骨料吸收，余下的部分供水泥水化以及起润滑作用。因此，将总用水量中被骨料吸走的部分称为"附加水量"，而余下的部分则称为"净用水量"。附加水量按轻骨料 1h 吸水率计算。净用水量应根据施工条件确定。

2. 多孔混凝土

多孔混凝土是指内部均匀分布着大量微小封闭的气泡而无骨料或无粗骨料的轻质混凝土。由于其孔隙率极高，达52%~85%，故质量轻，表观密度一般为300~1200kg/m³，导热系数低，通常为0.08~0.29W/（m·K），因此，多孔混凝土是一种轻质多孔材料，具有保温、隔热功能，容易切割且可钉性好。多孔混凝土可制作屋面板、内外墙板。砌块和保温制品，广泛用于工业与民用建筑和保温工程。

根据成孔方式的不同，多孔混凝土可分为加气混凝土和泡沫混凝土两大类。

（1）加气混凝土

加气混凝土是由含钙材料（如水泥、石灰）和含硅材料（如石英砂、粉煤灰、尾矿粉、粒化高炉矿渣、页岩等）加水和适量的加气剂、稳泡剂后，经混合搅拌、浇筑、切制和压蒸养护（811kPa或1520kPa）而成的。

加气剂多采用磨细铝粉。铝粉与氯氧化钙反应放出氯气而形成气泡。除铝粉外，还可采用过氧化氢、碳化钙等作为加气剂。

（2）泡沫混凝土

泡沫混凝土是将泡沫剂水溶液以机械方法制备成泡沫，加至由含硅材料（砂、粉煤灰）、含钙材料（石灰、水泥）、水及附加剂所组成的料浆中，经混合搅拌、浇筑，养护而成的轻质多孔材料。常用泡沫剂有松香胶泡沫剂和水解性血泡沫剂。松香胶泡沫剂是用烧碱加水溶入松香粉生成松香皂，再加入少量骨胶或皮胶溶液熬制而成的。使用时，用温水稀释，用力搅拌即可形成稳定的泡沫。水解性血泡沫剂是用尚未凝结的动物血加苛性钠、硫酸亚铁和氯化铵等制成的。

泡沫混凝土的生产成本较低，但其抗裂性较差，比加气混凝土低50%~90%，同时料浆的稳定性不够好，初凝硬化时间较长，故其生产与应用的发展不如加气混凝土快。

3. 大孔混凝土

大孔混凝土是由单粒级粗骨料、水泥和水配制而成的一种轻混凝土，又称无砂大孔混凝土。为了提高大孔混凝土的强度，有时也加入少量细骨料（砂），称为少砂混凝土。

大孔混凝土按所用骨料分为普通大孔混凝土和轻骨料大孔混凝土两类。普通大孔混凝土用天然碎石、卵石制成，表观密度为1500~1950kg/m³，抗压强度可在3.5~20MPa变化，主要用于承重和保温结构。轻骨料大孔混凝土用陶粒、浮石等轻骨料制成，表观密度为800~1500kg/m³，抗压强度可为1.5~7.5MPa，主要用于自承重的保温结构。

大孔混凝土具有导热系数小、保温性好、吸湿性较小、透水性好等特点。因此，大孔混凝土可用于现浇墙板，用于制作小型空心砌块和各种板材，也可制成滤水管、滤水板以及透水地坪等，广泛用于市政工程。

（四）高性能混凝土

高性能混凝土（High Performance Concrete，HPC）是 1990 年在美国 NIST 和 ACI 召开的一次国际会议上首先提出来的，并立即得到各国学者和工程技术人员的积极响应。尽管目前对于高性能混凝土还没有一个统一的定义，但其基本的含义是指具有良好的工作性，早期强度高而后期强度不减小，体积稳定性好，耐久性好，在恶劣的使用环境条件下寿命长和匀质性好的混凝土。

配制高性能混凝土的主要途径是：

①改善原材料性能。如采用高品质水泥，选用致密坚硬、级配良好的集料，掺用高效减水剂掺加超细活性掺和料等。

②优化配合比。应当注意，普通混凝土配合比设计的强度与水灰比关系式在这里不再适用必须通过试配优化后确定。

③加强生产质量管理，严格控制每个生产环节。

为达到混凝土拌和物流动性要求，必须在混凝土拌和物中掺高效减水剂（或称超塑化剂、硫化剂）。常用的高效减水剂有：三聚氰胺硫酸盐甲醛缩合物、萘磺酸盐甲醛缩合物和改性木质素磺酸盐等。高效减水剂的品种及掺量的选择，除与要求的减水率大小有关外，还与减水剂和胶凝材料的适应性有关。高效减水剂的选择及掺入技术是决定高性能混凝土各项性能关键之一，需经试验研究确定。

高性能混凝土中也可以掺入某些纤维材料以提高其韧性。

高性能混凝土是水泥混凝土的发展方向之一。它将广泛地被用于桥梁工程、高层建筑工业厂房结构、港口及海洋工程、水工结构等工程中。

（五）高强度混凝土

目前世界各国使用的混凝土，其平均强度和最高强度都在不断提高。西方发达国家使用的混凝土平均强度已超过 30MPa，高强混凝土所定义的强度也不断提高。在我国，高强混凝土是指强度等级在 C60 以上的混凝土。但一般来说，混凝土强度等级越高，其脆性越大，增加了混凝土结构的不安全因素。

高强混凝土可通过采用高强度水泥、优质集料、较低的水灰比、高效外加剂和矿物掺合料，以及强烈振动密实作用等方法获得。

配制高强度混凝土一般要求：水泥应采用强度不低于 42.5MPa 的硅酸盐水泥或普通硅酸盐水泥粗集料的最大粒径不宜大于 26.5mm；掺入高效减水剂，C70 以上的混凝土需掺入硅灰或其他掺和料；水灰比须小于 0.32，砂率应为 30% ~ 35%。

高强混凝土的密实度很高，因而高强混凝土的抗渗性、抗冻性、抗侵蚀性等耐久性均很高，其使用寿命超过一般混凝土。高强混凝土强度高，但脆性较大，拉压比较低，在应用中应充分注意。

高强度混凝土广泛应用于高层、大跨、桥梁、重载、高耸等建筑的混凝土结构。

四、钢材

（一）碳素结构钢

碳素结构钢是碳素钢的一种，可分为普通碳素结构钢和优质碳素结构钢两类。含碳量为 0.05%~0.70%，个别可高达 0.90%。

碳素结构钢在常温下主要由铁素体和渗碳体（Fe_3C）组成。铁素体在钢中形成不同取向的结晶群（晶粒），是钢的主要成分，约占质量的 99%。渗碳体是铁碳化合物，含碳 6.67%，在钢中其与铁素体晶粒形成机械混合物——珠光体，填充在铁素体晶粒的空隙中，形成网状间层。

碳素结构钢的牌号由代表屈服强度的汉语拼音字母（Q）、屈服强度数值、质量等级符号（A、B、C、D）、脱氧方法符号（F、Z、TZ）四个部分按顺序组成，如 Q235AF、Q235B 等。其钢号的表示方法和代表的意义如下：

（1）Q235-A：屈服强度为 235 N/mm^2，A 级，镇静钢；

（2）Q235-AF：屈服强度为 235 N/mm^2，A 级，沸腾钢；

（3）Q235-B：屈服强度为 235 N/mm^2，B 级，镇静钢；

（4）Q235-C：屈服强度为 235 N/mm^2，C 级，镇静钢。

例如，Q235 钢是碳素结构钢，其钢号中的 Q 代表屈服强度。通常情况下，该钢可不经过热处理直接进行使用。Q235 钢的质量等级分为 A、B、C、D 四级。Q235 钢的碳含量适中，具有良好的塑性、韧性、焊接性能和冷加工性能，以及一定的强度。其可大量生产钢板、型钢和钢筋，用以建造厂房屋架、高压输电铁塔、桥梁、车辆等。其 C、D 级钢的硫、磷含量低，相当于优质碳素结构钢，质量好，适用于制造对焊性及韧性要求较高的工程结构机械零部件，如机座、支架、受力不大的拉杆、连杆、销、螺钉（母）、轴、套圈等。

(二) 低合金高强度结构钢

低合金结构钢是在碳素结构钢的基础上，适当添加总量不超过 5% 的其他合金元素，来改善钢材的性能。低合金结构钢是在低碳钢中加入少量的锰、硅、钒、铌、钛、铝、铬、镍、铜、氮、稀土等合金元素炼成的钢材，其组织结构与碳素钢类似。

(三) 优质碳素结构钢

优质碳素结构钢不以热处理或热处理状态（正火、淬火、回火）交货，用作压力加工用钢和切削加工用钢。由于价格较高，钢结构中使用较少，仅用经热处理的优质碳素结构钢冷拔高强度钢丝或制作高强度螺栓、自攻螺钉等。

第三节　建筑钢结构所用材料及其选用

为了保证结构的安全，钢结构所用的钢材应具有这几个性能：强度、塑性、韧性、焊接性、冷弯性能。

一、结构钢材种类

钢结构中采用的钢材主要有两类，即碳素结构钢和低合金高强度结构钢。

(一) 碳素结构钢

碳素结构钢的牌号由代表屈服点的字母 Q、屈服强度数值（N/mm^2）、质量等级符号和脱氧方法符号四个部分按顺序组成。

常用碳素结构钢分为 Q195、Q215、Q235 和 Q275 四种，屈服强度越大，其碳含量、强度和硬度就越大，塑性就越低。其中，Q235 在使用、加工和焊接方面的性能都比较好，是钢结构常用的钢材之一。

碳素结构钢的质量等级分为 A、B、C、D 四级，由 A 到 D 表示质量由低到高。所有钢材在交货时，供方应提供屈服强度、极限强度和伸长率等力学性能的保证。碳素结构钢按脱氧方法不同分为沸腾钢、镇静钢和特殊镇静钢，分别用汉字拼音字母 F、Z 和 TZ 表示，其中 Z 和 TZ 可以省略不写，如 Q235AF 表示屈服强度为 235N/mm² 的 A 级沸腾钢；Q235C 表示屈服强度为 235N/mm² 的 C 级镇静钢。

（二）低合金高强度结构钢

低合金高强度结构钢因含有合金元素而具有较高的强度，常用的低合金高强度结构钢有 Q345、Q390、Q420 等，其质量等级分为从 A~E 五级。低合金高强度结构钢的脱氧方法为镇静钢或特殊镇静钢，其牌号与碳素结构钢牌号的表示方法相同。

二、钢材的选用原则

钢材的选用原则是既要使结构安全可靠和满足使用要求，又要最大可能节约钢材和降低造价。为保证承重结构的承载力和防止在一定条件下可能出现的脆性破坏，应综合考虑下列因素，选用合适的钢材牌号和材性。

（一）按结构和构件的重要性进行选择

将结构和构件按其用途、部位和破坏后果的严重性可以分为重要、一般和次要三类，不同类别的结构或构件应选用不同的钢材，如大跨度结构、重级工作制吊车梁等属重要的结构，应选用质量等级高的钢材；一般屋架、梁和柱等属于一般的结构，可选用质量等级一般的钢材；楼梯、栏杆、平台等则是次要的结构，可选用质量等级较低的钢材。

（二）按结构和构件承受荷载的性质进行选择

结构承受的荷载可分为静力荷载和动力荷载两种。对承受动力荷载的结构，应选用塑性、冲击强度好且质量好的钢材，如 Q345C 或 Q235C。

（三）按钢结构的连接方法进行选择

钢结构的连接有焊接和非焊接之分，焊接结构由于在焊接过程中不可避免地会产生焊接应力、焊接变形和焊接缺陷，因此应选择碳、硫、磷含量相对较低，塑性、韧性和焊接性都较好的钢材。

（四）考虑结构的工作环境

结构所处的环境如温度变化、腐蚀作用等对钢材性能的影响很大。在低温下工作的结构，尤其是焊接结构，应选用具有良好抗低温脆断性能的镇静钢，结构可能出现的最低温度应高于钢材的冷脆转变温度。当周围有腐蚀性介质时，应对钢材的耐腐蚀性提出相应要求。

（五）钢材厚度的考虑

热轧钢材在轧制过程中可使钢材性能进一步改善，随着钢材厚度由薄到厚，其强度呈下降趋势，在设计中应注意按钢材的厚度分组确定相应的强度设计值，并优先采用相对较薄的型材与板材。

（六）连接方法

焊接钢结构必须严格控制碳、硫、磷的极限含量；而非焊接结构对含碳量可降低要求。

（七）结构所处的温度

"低温条件下工作的结构，尤其是焊接结构，应选用具有良好抵抗低温脆断性能的镇静钢。"[①]

第四节　混凝土结构材料的强度与变形

一、混凝土的强度

混凝土的强度与水泥、骨料的品种、级配、配合比、硬化条件和龄期等有关，主要包括立方体抗压强度、轴心抗压强度和轴心抗拉强度等。

1. 混凝土立方体抗压强度及强度等级

立方体抗压强度是衡量混凝土强度高低的基本指标值，是确定混凝土强度等级的依据。

GB 50010—2010《混凝土结构设计规范》规定：立方体抗压强度标准值系指按标准方法制作、养护的边长为 150 mm 的立方体试件，在 28d 或设计规定龄期以标准试验方法测得的具有 95% 保证率的抗压强度值。

试验表明，混凝土立方体抗压强度与试件的尺寸大小有关。立方体试件尺寸越小，测得的抗压强度越高。实际工程中如采用边长为 100 mm 或 200 mm 的非标准试件时，应将

---

① 罗福午，邓雪松. 建筑结构［M］. 武汉：武汉理工大学出版社，2005：303-304.

其立方体抗压强度实测值分别乘以换算系数 0.95 和 1.05，换算成标准试件的立方体抗压强度标准值。

GB 50010—2010《混凝土结构设计规范》根据混凝土立方体抗压强度标准值，将混凝土划分为 14 个强度等级，分别以 C15、C20、C25、C30、C35、C40、C45、C50、C55、C60、C65、C70、C75、C80 表示。一般将 C50 以上的混凝土称为高强度混凝土。

2. 混凝土轴心抗压强度

在工程中，钢筋混凝土受压构件的尺寸，往往是高度 h 比截面的边长 b 大很多，形成棱柱体，用棱柱体试件测得的抗压强度称为轴心抗压强度。实验时，棱柱体试件的高宽比 h/b 通常为 $3 \sim 4$，常用试件尺寸为 100mm×100mm×300mm、150mm×150mm×450mm。

轴心抗压强度的试件是在与立方体试件相同条件下制作的，经测试其数值要小于立方体抗压强度，根据我国所做的混凝土棱柱体与立方体抗压强度对比试验的结果，它们的比值大致为 0.70~0.92，强度大的比值大一些。考虑到实际结构构件制作、养护和受力情况，以及实际构件强度与试件强度之间存在的差异，GB 50010—2010《混凝土结构设计规范》基于安全考虑规定取偏低值，轴心抗压强度标准值与立方体抗压强度标准值之间的关系为：

$$f_{ck} = 0.88\alpha_{c1}\alpha_{c2}f_{cu, k}$$

式中 α_{c1} ——棱柱强度与立方强度之比，对 C50 及以下取 $\alpha_{c1} = 0.76$，对 C80 取 $\alpha_{c1} = 0.82$，中间按直线内插法取值；

α_{c2} ——考虑 C40 以上混凝土脆性的折减系数，对 C40 取 $\alpha_{c2} = 1.0$，对 C80 取 $\alpha_{c2} = 0.87$，中间按直线内插法取值；

0.88——考虑到结构构件与试件制作及养护条件的差异，尺寸效应及加荷速度影响，参照以往的设计经验所取得的经验系数。

3. 混凝土轴心抗拉强度

混凝土的抗拉强度很低，与立方体抗压强度之间为非线性关系，一般只有其立方体抗压强度的 1/17~1/8。中国建筑科学研究院等单位对混凝土的抗拉强度做了系统的测定，用直接测试法或间接测试法对试件进行实验测得的抗拉强度称为轴心抗拉强度，经修正后，轴心抗拉强度标准值与立方体抗压强度标准值之间的关系为：

$$f_{tk} = 0.88 \times 0.395f_{cu, k}^{0.55}(1 - 1.64\delta)^{0.45}\alpha_{c2}$$

式中 δ ——混凝土立方体强度变异系数，对 C60 以上的混凝土，取 $\delta = 0.1$；系数 0.395 和系数 0.55 是根据实验数据统计分析所得的经验系数。

混凝土的强度标准值见表 3-1。

表 3-1　混凝土强度标准值　　　　　　　　　　　（N/mm²）

强度种类	混凝土强度等级													
	C15	C20	C25	C30	C35	C40	C45	C50	C55	C60	C65	C70	C75	C80
f_{ck}	10.0	13.4	16.7	20.1	23.4	26.8	29.6	32.4	35.3	38.5	41.5	44.5	47.4	50.2
f_{tk}	1.27	1.54	1.78	2.01	2.20	2.39	2.51	2.64	2.74	2.85	2.93	2.99	3.05	3.11

注：f_{ck} 指混凝土轴心抗压强度标准值，f_{tk} 指混凝土轴心抗拉强度标准值。

二、混凝土的变形

混凝土的变形有两类：一类是混凝土的受力变形，包括一次短期荷载下的变形、长期荷载下的变形和多次重复荷载下的变形；另一类是混凝土的体积变形，如收缩、膨胀及温度变化而产生的变形。以下是混凝土在一次短期荷载下的变形。

混凝土在一次短期荷载下的变形性能，可以用混凝土棱柱体受压时的应力—应变曲线，如图 3-2 来说明，曲线由上升段和下降段两部分组成。

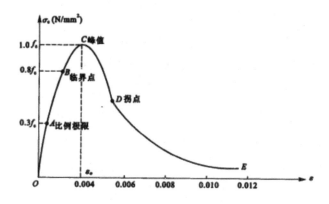

图 3-2　混凝土一次短期荷载下的应力—应变曲线

上升段 OC：在曲线的开始部分 OA 段，混凝土应力很小，$\sigma \leqslant 0.3f_e$，应力应变关系接近于直线，混凝土表现出理想的弹性性质，其变形主要是骨料和水泥结晶体的弹性变形，内部微裂缝没有发展。随着应力加大，混凝土表现出越来越明显的非弹性性质，应变的增长速度超过应力的增长速度，如曲线 AB 段 $\sigma = 0.3f_e \sim 0.8f_e$，这是由于水泥胶凝体的黏结流动以及混凝土中微裂缝的发展、新的微裂缝不断产生的结果。在曲线 BC 段 $\sigma = 0.8f_e \sim 1.0f_e$，微裂缝随荷载的增加而发展，混凝土的塑性变形继续增加。当应力接近轴心抗压强度 f_e 时，混凝土内部贯通的微裂缝转变为明显的纵向裂缝，试件开始破坏，此时混凝土应力达到最大值 $\sigma_{max} = f_e$，相应的应变不是最大应变而是 E_0，GB 50010—2010《混凝土结构设计规范》对中低混凝土取 $E_0 = 0.002$。

第五节　砌体结构材料分析

一、砌体材料

（一）块体材料

1. 块体材料分类

块体材料一般分为人工砖石和天然石材两大类。人工砖石有经过焙烧的烧结普通砖、烧结多孔砖，不经过焙烧的蒸压灰砂砖、蒸压粉煤灰砖以及混凝土、粉煤灰酥块等。

烧结普通砖是以黏土、页岩、煤矸石、粉煤灰为主要原料，经过焙烧而成的实心或孔洞率不大于15%的砖。全国统一规格的尺寸主要为240mm×115mm×53mm。

烧结多孔砖是以黏土、页岩、煤矸石为主要原料，经过焙烧而成，孔洞率不小于15%，孔形可为圆孔或非圆孔。孔的尺寸小而数量多，主要用于承重部分，简称多孔砖。目前多孔砖分为 P 型砖和 M 型砖。P 型砖的外形尺寸主要为 240mm×115mm×90mm、240mm×180mm×115mm、290mm×150mm×290mm；M 型砖的外形尺寸主要为 190mm×190mm×90mm、190mm×90mm×90mm。

蒸压灰砂砖以石英砂和石灰为主要原料，粉煤灰砖则以粉煤灰为主要原料，加入其他掺和料后，压制成型，蒸压养护而成。使用这类砖时要受环境的限制。

砌块是指用普通混凝土或轻混凝土，以及硅酸盐材料制作的实心和空心块材。砌块按尺寸大小和质量分为可手工砌筑的小型砌块和采用机械施工的中型和大型砌块。纳入砌体结构设计规范的砌块主要有普通混凝土砌块和轻骨料混凝土小型空心砌块。混凝土小型空心砌块的主要规格尺寸为390mm×190mm×190mm，空心率为25%~50%。砌块的孔洞沿厚度方向只有一排孔的为单排孔小型砌块，有双排条形孔洞或多排条形孔洞的为双排孔小型砌块或多排孔小型砌块。

天然石材以重力密度大于或小于18kN/m²分为重石（花岗岩、砂岩、石灰岩）和轻石（凝灰岩、贝壳灰岩）两类。按加工后的外形规则程度可分为细料石、半细料石、粗料石和毛料石，形状不规则、中部厚度不小于200mm 的块石称为毛石。

2. 进口设备原价的构成及计算

块体材料的强度等级用符号 MU 表示，由标准试验方法得出的块体极限抗压强度的平均值确定，单位为 MPa。其中，因普通砖和空心砖的厚度较小，在砌体中易因弯剪作用而过早断裂，确定强度等级时还应符合抗折强度的指标。

GB 50003—2011《砌体结构设计规范》中规定的块体强度等级如下：

（1）烧结普通砖、烧结多孔砖 MU30、MU25、MU20、MU15 和 MU10；

（2）蒸压灰砂砖、蒸压粉煤灰砖 MU25、MU20、MU15 和 MU10；

（3）砌块 MU20、MU15、MU10、MU7.5 和 MU5；

（4）石材 MU100、MU80、MU60、MU50、MU40、MU30 和 MU20。

（二）砂浆

砂浆在砌体中的作用是将块材连成整体并使应力均匀分布，以保证砌体结构的整体性。此外，由于砂浆填满块材间的缝隙，减少了砌体的透气性，提高了砌体的隔热性及抗冻性。

砂浆按其组成材料的不同，分为水泥砂浆、混合砂浆和石灰砂浆。水泥砂浆具有强度高、耐久性好的特点，但保水性和流动性较差，适用于潮湿环境和地下砌体。混合砂浆具有保水性和流动性较好、强度较高、便于施工而且质量容易保证的特点，是砌体结构中常用的砂浆。石灰砂浆具有保水性、流动性好的特点，但强度低、耐久性差，只适用于临时建筑或受力不大的简易建筑。

砂浆的强度等级是用龄期为 28d 的边长为 70.7mm 的立方体试块所测得的极限抗压强度来确定的，用符号 M 表示，单位为 MPa（N/mm²）。

砂浆强度分为 M15、M10、M7.5、M5 和 M2.5 五个等级。

验算施工阶段砌体结构的承载力时，砂浆强度取为 0。

当采用混凝土小型空心砌块时，应采用与其配套的砌块专用砂浆（用 Mb 表示）和砌块灌孔混凝土（用 Cb 表示）。

砌块专用砂浆强度等级有 Mb15、Mb10、Mb7.5 和 Mb5 四个等级，砌块灌孔混凝土与混凝土强度等级等同。

二、砌体的力学性能

（一）砌体的轴心受压性能

（1）砖砌体受压试验，标准试件的尺寸为 370mm×490mm×970mm，常用的尺寸为 240mm×370mm×720mm。为了使试验机的压力能均匀地传给砌体试件，可在试件两端各加砌一块混凝土垫块。对于常用试件，垫块尺寸可采用240mm×370mm×200mm，并配有钢筋网片。

砌体轴心受压从加荷开始直到破坏，大致经历以下三个阶段。

①当砌体加载达极限荷载的50%~70%时，单块砖内产生细小裂缝。此时若停止加载，裂缝亦停止扩展。

②当加载达极限荷载的80%~90%时，砖内有些裂缝连通起来，沿竖向贯通若干皮砖。此时，即使不再加载，裂缝仍会继续扩展，砌体实际上已接近破坏。

③当压力接近极限荷载时，砌体中裂缝迅速扩展和贯通，将砌体分成若干个小柱体，砌体最终因被压碎或丧失稳定而破坏。

（2）根据上述砖、砂浆和砌体的受压试验结果，砖的抗压强度和弹性模量分别为16MPa、$1.3×10^4$MPa；砂浆的抗压强度和弹性模量分别为1.3~6MPa、（0.28~1.24）$×10^4$MPa；砌体的抗压强度和弹性模量分别为4.5~5.4MPa、（0.18~0.41）$×10^4$MPa。由此可以发现：

①砖的抗压强度和弹性模量值均大大高于砌体；

②砌体的抗压强度和弹性模量可能高于也可能低于砂浆相应的数值。

产生上述结果的原因为：

①砌体中的砖处于复合受力状态：由于砖的表面本身不平整，再加之敷设砂浆的厚度不是很均匀，水平灰缝也不很饱满，造成单块砖在砌体内并不是均匀受压，而是处于同时受压、受弯、受剪甚至受扭的复合受力状态。由于砖的抗拉强度很低，一旦拉应力超过砖的抗拉强度，就会引起砖的开裂。

②砌体中的砖受有附加水平拉应力：由于砖和砂浆的弹性模量及横向变形系数不同，砌体受压时要产生横向变形，当砂浆强度较低时，砖的横向变形比砂浆小，在砂浆黏结力与摩擦力的影响下，砖将阻止砂浆的横向变形，从而使砂浆受到横向压力，砖就受到横向拉力。由于砖内出现了附加拉应力，便加快了砖裂缝的出现。

③竖向灰缝处存在应力集中：由于竖向灰缝往往不饱满及砂浆收缩等原因，竖向灰缝内砂浆和砖的黏结力减弱，使砌体的整体性受到影响。因此在位于竖向灰缝上、下端的砖内产生横向拉应力和剪应力的集中，加快砖的开裂。

（二）砌体的轴心受拉性能

与砌体的抗压强度相比，砌体的抗拉强度很低。按照力作用于砌体方向的不同，砌体可能发生三种破坏。当轴向拉力与砌体的水平灰缝平行时，砌体可能发生沿竖向及水平方向灰缝的齿缝截面破坏；或沿块体和竖向灰缝的截面破坏。通常，当块体的强度等级较高而砂浆的强度等级较低时，砌体发生前一种破坏形态；当块体的强度等级较低而砂浆的强度等级较高时，砌体则发生后一种破坏形态。当轴向拉力与砌体的水平灰缝垂直时，砌体可能沿通缝截面破坏。由于灰缝的法向黏结强度是不可靠的，在设计中不允许采用沿通缝截面的轴心受拉构件。

在水平灰缝内和在竖向灰缝内，砂浆与块体的黏结强度是不同的。在竖向灰缝内，由于砂浆未能很好地填满及砂浆硬化时的收缩，大大地削弱甚至完全破坏两者的黏结，因此，在计算中对竖向灰缝的黏结强度不予考虑。在水平灰缝中，当砂浆在其硬化过程中收缩时，砌体不断发生沉降，因此，灰缝中砂浆和砖石的黏结不仅未遭破坏，而且不断地增强，因而在计算中仅考虑水平灰缝的黏结强度。

（三）砌体的弯曲受拉性能

与轴心受拉相似，砌体弯曲受拉时，也可能发生三种破坏形态：沿齿缝截面破坏；沿砌体与竖向灰缝截面破坏；沿通缝截面破坏。砌体的弯曲受拉破坏形态也与块体和砂浆的强度等级有关。

（四）砌体的受剪性能

砌体的受剪破坏有两种形式：一种是沿通缝截面破坏；另一种是沿阶梯形截面破坏，其抗剪强度由水平灰缝和竖向灰缝共同提供。如上所述，由于竖向灰缝不饱满，抗剪能力很低，竖向灰缝强度可不予考虑。因此，可以认为这两种破坏的砌体抗剪强度相同。

沿通缝截面的受剪试验有多种方案，砌体可以有一个受剪面（单剪）或两个受剪面（双剪）。不论何种方案，都不能做到真正的"纯剪"。

通常砌体截面上受到竖向压力和水平力的共同作用，即在压弯受力状态下的抗剪问题，其破坏特征与纯剪有很大的不同。

第四章 建筑混凝土结构及其构件设计

"根据建筑物的层数，建筑混凝土结构主要分为单层、多层、高层及超高层建筑结构。根据建筑物的用途，建筑混凝土结构又可分为工业厂房结构和民用建筑结构。工业厂房一般采用单层结构，而民用建筑一般为多层或高层结构。"[①]

建筑结构并不一定由一种材料建造，由砌体内、外墙和钢筋混凝土楼（屋）盖组成的混合结构也常被应用。混合结构还泛指设有内柱，并与楼（屋）盖中的肋梁形成框架，但外墙仍采用砌体的"内框架结构"以及底层采用钢筋混凝土框架，二层以上仍为砌体的"底层框架砌体结构"。混合结构适用于建造十层以下的房屋；采用配筋砌体后，其适用高度可达二十层。

在高层和超高层建筑中，采用钢—混凝土组合结构已成为一种趋势，以充分发挥混凝土和钢两种材料各自的长处。如上海金茂大厦（八十八层、高 420m）和上海环球金融中心（一〇一层、高 492m）均是由钢筋混凝土核心内筒、外框钢骨混凝土柱及钢柱组成的混合结构。

单层工业厂房中也可采用混凝土、砖、钢材、木材等材料建造，形成混合结构。

第一节　钢筋混凝土结构的一般构造要求

一、钢筋混凝土结构的定义及优缺点

钢筋混凝土结构由钢筋和混凝土两种不同材料组成，混凝土材料具有较高的抗压强度，而抗拉强度很低，根据构件受力情况，在混凝土中合理配置钢筋，使混凝土和钢筋自身材料的强度得到充分的发挥，就可形成承载力较高、刚度较大的钢筋混凝土结构构件。

---

① 余志武. 建筑混凝土结构设计 [M]. 武汉：武汉大学出版社，2015：2~3.

钢筋混凝土结构的优点如下。

（1）耐久性好。与钢结构相比，钢筋混凝土结构具有较好的耐久性，它不需要经常保养与维护。在钢筋混凝土结构中，钢筋被混凝土包裹而不致锈蚀，另外，混凝土的强度还会随时间增长而略有提高，故钢筋混凝土有较好的耐久性，对于在有侵蚀介质存在的环境中工作的钢筋混凝土结构，可根据侵蚀的性质合理地选用不同品种的水泥，以达到提高耐久性的目的。一般火山灰质水泥和矿渣水泥抗硫酸盐侵蚀的能力很强，可在有硫酸盐腐蚀的环境中使用；另外，矿渣水泥抗碱腐蚀的能力也很强，可用于碱腐蚀的环境中。

（2）耐火性好。相对钢结构和木结构而言，钢筋混凝土结构具有较好的耐火性。在钢筋混凝土结构中，由于钢筋包裹在混凝土里面而受到保护，火灾发生时钢筋不至于很快达到流塑状态而使结构整体破坏。

（3）整体性好。相对砌体结构而言，钢筋混凝土结构具有较好的整体性，适用于抗震、抗爆结构。另外，钢筋混凝土结构刚性较好，受力后变形小。

（4）容易取材。混凝土所用的砂、石料可就地取材，节省运费，降低运输成本。另外，还可以将工业废料（如矿渣、粉煤灰）用于混凝土中，从而降低造价。

（5）可模性好。可根据结构形状的要求制造模板，进而将钢筋混凝土结构浇筑成各种形状和尺寸。

钢筋混凝土结构除具有以上优点外，还存在以下缺点。

（1）结构自重大。钢筋混凝土结构自重大，截面尺寸也较大，当达到一定跨径时，结构承受的弯矩显著增大，其承受荷载的能力就会显著降低。

（2）抗裂性能差。由于混凝土抗拉强度很低，在使用阶段，构件一般是带裂缝工作的，这对构件的刚度和耐久性都带来不利影响。

（3）浇筑混凝土时需要大量的模板，增加造价。

（4）户外浇筑混凝土时受季节及天气条件限制，冬期及雨期混凝土施工必须对混凝土浇筑振捣和养护等工艺采取相应的措施，以确保施工质量。

（5）钢筋混凝土结构隔热、隔声性能也较差。

由于钢筋混凝土结构具有许多显而易见的优点，现在已成为世界各地建筑、道路桥梁、机场、码头和核电站等工程中应用最广的工程材料。在公路与城市道路工程、桥梁工程中，钢筋混凝土结构广泛应用于中、小跨径桥梁，涵洞，挡土墙等结构物中。

二、钢筋混凝土结构的组成

混凝土结构是由多个构件组成，在外荷载作用下，构件截面的内力有弯矩、剪力、扭矩、拉力、压力等。根据构件截面内力形式的不同，可以将混凝土构件分为以下几种。

（1）受弯构件。截面内力有弯矩和剪力的构件，一般包括梁、板。

（2）受压构件。截面内力以压力为主的构件，一般包括墩、柱等。

（3）受拉构件。截面内力以拉力为主的构件。

（4）受扭构件。截面内力中有扭矩且不能忽略的构件，受扭构件的截面内力一般还有弯矩和剪力。

三、受弯构件的一般构造

承受弯矩和剪力共同作用的构件称为受弯构件。受弯构件是工程应用最为广泛的一类构件，房屋建筑中的梁、板是典型的受弯构件。为了与混凝土一起抵抗荷载的作用，受弯构件中通常配置一定数量、一定形式的钢筋。沿构件轴线方向的钢筋称为纵向钢筋，沿垂直轴线方向的钢筋称为箍筋，与轴线成一定夹角的钢筋称为弯起钢筋，后两者又统称为腹筋。

钢筋混凝土受弯构件在弯矩和剪力的作用下，可能发生的破坏形式有正截面破坏和斜截面破坏两种。正截面破坏主要由弯矩引起，其破坏面方向为构件横截面方向；斜截面破坏由剪力和弯矩共同引起，其破坏面与构件轴线成一定的夹角。

受弯构件的承载力设计，包括正截面承载力和斜截面承载力设计两部分，这里先介绍正截面承载力问题。

（一）梁的构造

1. 梁的截面尺寸

（1）梁的截面高度：可根据跨度要求按高跨比 h/l 来估计（表4-1）。对于一般荷载作用下的梁，当梁高不小于表4-1规定的最小截面高度时，当梁高 h≤800mm 时，取50mm 的倍数；当 h 为 800mm 时，则取 100mm 的倍数。

表4-1　梁的最小截面高度

项次	构件种类		简支梁	两端连续梁	悬臂梁
1	整体肋形梁	次梁	l/15	l/20	l/8
		主梁	l/12	l/15	l/6
2	独立梁		l/12	l/15	l/6

（2）截面宽度：通常取梁宽 b =（1/2～1/3）h。常用的梁宽为 150mm、200mm、250mm、300mm，若 b>200mm，一般级差取 50mm。砖砌体中梁的梁宽和梁高，如圈梁、

过梁等，按砖砌体所采用的模数来确定，如 120mm、180mm、240mm、300mm 等。

2. 梁的钢筋

梁中的钢筋一般有纵向受力钢筋、弯起钢筋、箍筋和架立钢筋。

（1）纵向受力钢筋。当梁高 h≥300mm 时，其直径不应小于 10mm；当 h<300mm 时，不应小于 8mm，设计中根数最好不少于 2 根，若采用两种不同直径的钢筋，钢筋直径相差至少 2mm，以便于施工中肉眼识别。

（2）弯起钢筋。弯起钢筋一般由纵向受力钢筋弯起而成。其弯起段用来承受弯矩和剪力产生的主拉应力；弯起后的水平段可承受支座处的负弯矩。

弯起角度：当梁高 h≤800mm 时，采用 45°；当梁高 h>800mm 时，采用 60°。

注意：在一般建筑结构的梁中，由于弯起钢筋施工麻烦，而且不能抵抗往复作用，所以，实际工程中很少采用弯起钢筋。

（3）箍筋。箍筋主要用来承受剪力，同时，还固定纵向受力钢筋并和其他钢筋一起形成钢筋骨架。

（4）架立钢筋。为了将受力钢筋和箍筋连接成骨架，并在施工中保持钢筋的正确位置，凡箍筋转角没有纵向受力钢筋的地方，都沿梁长方向设置架立钢筋。架立钢筋的直径：当梁的跨度小于 4m 时，不宜小于 8mm；当梁的跨度为 4~6m 时，不宜小于 10mm；当梁的跨度大于 6m 时，不宜小于 12mm。

（5）纵向构造钢筋。纵向构造钢筋用以加强钢筋骨架的刚度，承受构件中部由于混凝土收缩及温度变化所引起的拉应力。当梁的腹板高度 h_w≥450mm 时，在梁的两个侧面应沿高度配置纵向构造钢筋，每侧构造钢筋的截面面积不应小于腹板截面面积 bh_w 的 0.1%，其间距不宜大于 200mm。

h_w 对矩形截面取有效高度，对 T 形截面，取有效高度减去翼缘高度，对 I 形截面，取腹板净高。梁侧构造钢筋应以拉结筋相连，拉结筋直径一般与箍筋相同，间距常取为箍筋间距的整数倍。

（二）板的构造

1. 板的厚度

板的厚度应满足承载力、刚度和抗裂的要求，从舒适度（刚度）条件出发，板的最小厚度，对于单跨板，不得小于 $l_0/35$；对于多跨连续板，不得小于 $l_0/40$（l_0 为板的计算跨度），如板厚满足上述要求，则无须进行挠度验算。一般现浇板板厚不宜小于 60mm。

2. 板中钢筋

板中钢筋包括受力钢筋和分布钢筋。

（1）受力钢筋。受力钢筋沿板的跨度方向在受拉区配置，承受荷载作用下所产生的拉力。

①直径：一般为 6~12 mm。

②间距：板中受力钢筋间距过大，不利于板的受力，且不利于裂缝的控制。当板厚 h≤150mm 时，不宜大于 200mm；当 h>150mm 时，不宜大于 1.5h，且不宜大于 250mm。为了保证施工质量，钢筋间距也不能太小，不宜小于 70mm。

（2）分布钢筋。板内在垂直于受力钢筋的方向，还应按构造要求配置分布钢筋，分布钢筋应布置在受力钢筋的内侧，方向与受力钢筋垂直，并在交点处绑扎或焊接。

①分布钢筋的主要作用：将板上荷载分散到受力钢筋上，固定受力钢筋的位置，抵抗混凝土收缩和温度变化产生的拉应力。

②分布钢筋的配置要求：当按单向板设计时，板中单位长度上分布钢筋的截面面积不宜小于单位宽度上受力钢筋截面面积的 15%，且不宜小于该方向板截面面积的 0.15%；其直径不宜小于 6mm；其间距不宜大于 250mm。当集中荷载较大时，分布钢筋的配筋面积还应增加，且间距不宜大于 200mm。

四、受压构件的一般构造要求

（一）截面形式及尺寸

轴心受压构件截面一般采用方形或矩形，有时也采用圆形或多边形。

偏心受压构件一般采用矩形截面，但为了节约混凝土和减轻柱的自重，较大尺寸的柱或装配式柱常常采用 I 形截面。采用离心法制造的柱、桩、电杆以及烟囱、水塔支筒等常采用环形截面。

对于矩形柱，其截面尺寸不宜小于 250mm×250mm。为了避免构件的长细比过大，常取 $l_0/b≤30$，$l_0/h≤25$（l_0 为柱的计算长度，b 为矩形截面的短边边长，h 为长边边长）。

为了施工方便，柱截面尺寸宜采用整数，800mm 及以下的，宜取 50mm 的倍数，800mm 以上的，可取 100mm 的倍数。

对于 I 形截面，其翼缘厚度不宜小于 129mm，因为翼缘太薄，会使构件过早出现裂缝，同时，靠近柱底的混凝土容易在车间生产过程中因碰撞而降低柱的承载力。腹板厚度不宜小于 100mm。

（二）材料强度

混凝土强度对受压构件的承载力影响较大。为节约材料，宜采用较高强度等级的混凝土，一般采用 C30～C40。对于高层建筑的底层柱，必要时可采用高强度等级的混凝土。

柱纵向钢筋应采用 HRB400、HRB500、HRBF400、HRBF500 级钢筋。箍筋宜采用 HRB400 级、HRBF400 级、HPB300 级、HRE500 级、HRBF500 级钢筋，也可采用 HRB335 级、HRBF335 级钢筋。

（三）纵向钢筋

柱中纵向钢筋的配置应符合下列规定。

（1）圆柱中纵向钢筋不宜少于 8 根，不应少于 6 根，且宜沿周边均匀布置。受压构件纵向受力钢筋直径不宜小于 12mm，通常在 16～32mm 范围内选用，为了减少钢筋施工时能产生的纵向弯曲，宜采用较粗的钢筋；全部纵向钢筋的配筋率不宜大于 5%，因为配筋率过大容易产生黏结裂缝，特别是突然卸载时混凝土易被拉裂。

（2）受压构件纵向钢筋的配筋率应满足最小配筋率的要求，全部纵向钢筋的最小配筋率为 0.5%～0.6%（与钢筋强度等级有关），一侧纵向钢筋的最小配筋率为 0.2%。

（3）柱中纵向钢筋的净间距不应小于 50 mm，且不宜大于 300mm。

（4）偏心受压柱的截面高度不小于 600 mm 时，在柱的侧面应设置直径不小于 10mm 的纵向构造钢筋，并相应设置复合箍筋或拉筋。

（5）在偏心受压柱中，垂直于弯矩作用平面的侧面上的纵向受力钢筋以及轴心受压柱中各边的纵向受力钢筋，其中距不宜大于 300mm。

（6）纵向钢筋的保护层厚度不应小于钢筋的公称直径。

（四）箍筋

柱中的箍筋应符合下列规定。

（1）箍筋直径不应小于 d/4，且不应小于 6 mm，d 为纵向钢筋的最大直径。

（2）箍筋间距不应大于 400 mm 及构件截面的短边尺寸，且不应大于 15d，d 为纵向钢筋的最小直径。

（3）柱及其他受压构件中的周边箍筋应做成封闭式；对圆柱中的箍筋，搭接长度不应小于锚固长度，且末端应做成 135° 弯钩，弯钩末端平直段长度不应小于 5d，d 为箍筋直径。

（4）当柱截面短边尺寸大于 400 mm 且各边纵向钢筋多于 3 根时，或当柱截面短边尺寸不大于 400mm 但各边纵向钢筋多于 4 根时，应设置复合箍筋。

（5）柱中全部纵向受力钢筋的配筋率大于 3% 时，箍筋直径不应小于 8mm，间距不应大于 10d，且不应大于 200mm。箍筋末端应做成 135°弯钩，且弯钩末端平直段长度不应小于 10d，d 为纵向受力钢筋的最小直径。

（6）在配有螺旋式或焊接环式箍筋的柱中，如在正截面受压承载力计算中考虑间接钢筋的作用，箍筋间距不应大于 80mm 及 $d_{CDr}/5$，且不宜小于 40mm，d_{CDr} 为按箍筋内表面确定的核心截面直径。

（7）受压构件设计使用年限为 50 年，最外层钢筋（箍筋）的保护层厚度：一类环境 20 mm、二 a 类环境 25mm、二 b 类环境 35mm、三 a 类环境 40mm、三 b 类环境 50mm。设计使用年限为 100 年的最外层钢筋保护层厚度不小于使用年限为 50 年的 1.4 倍。

第二节　预应力混凝土结构及其构件设计

一、预应力混凝土结构的基本概念

普通钢筋混凝土结构由于在使用上具有许多优点，目前是桥梁结构广泛使用的结构形式之一。但它也有很多的弱点，主要是混凝土的抗拉强度过低，极限拉应变很小，在正常使用荷载作用下，混凝土构件很容易开裂，裂缝的存在不仅使构件刚度下降，而且不能应用于不允许开裂的结构中。同时，在普通钢筋混凝土结构中，采用材料强度等级不高（混凝土强度等级不超过 C35，钢筋强度等级不超过 HRB400），无法充分利用高强材料的强度。这样，当荷载增加时，就只有靠增加钢筋混凝土构件的截面尺寸，或者靠增加钢筋用量的方法来控制裂缝和变形。这样做既不经济，效果也不明显。特别对于桥梁结构，随着跨度的增大，结构自重的比例也大大增加，使钢筋混凝土结构的使用范围受到很大的限制。要使钢筋混凝土结构得到进一步的发展，就必须克服混凝土抗拉强度低的这一缺点。工程实践证明，在由高强钢筋和高强混凝土组成的钢筋混凝土结构中施加预应力是解决这一问题的良好方法。

（一）预应力混凝土结构的基本原理

所谓预应力混凝土，就是事先人为地在混凝土或钢筋混凝土中引入内部应力，且其大小和分布恰好能将使用荷载产生的应力抵消到一个合适程度的混凝土。例如，混凝土构件受力前，在其使用时的受拉区内预先施加压力，使之产生预压应力，造成人为的压应力状态。当构件在荷载作用下产生拉应力时，首先要抵消混凝土构件内的预压应力，然后随着荷载的增加，混凝土构件受拉并随荷载继续增加才出现裂缝，因此可推迟裂缝的出现，减小裂缝的宽度，满足使用要求。这种在构件受荷前预先对混凝土受拉区施加压应力的结构称为"预应力混凝土结构"。

预应力混凝土的构思出现在 19 世纪末，1886 年就有人申请了用张拉钢筋对混凝土施加预压力防止混凝土开裂的专利。但那时材料的强度很低，混凝土的徐变性能尚未被人们充分认识，通过张拉钢筋对混凝土构件施加预压力不久，由于混凝土的收缩、徐变，使已建立的混凝土预压应力几乎完全消失，致使这一新颖的构思未能实现。直到 1928 年，法国的弗雷西内首先用高强度钢丝及高强混凝土成功地设计建造了一座水压机，以后在 20 世纪 30 年代，高强钢材能够大量生产时，预应力混凝土才真正为人们所应用。

其实上述基本原理在日常生活中都有应用。例如，用铁箍箍紧木桶，木桶盛水而不漏；建筑工地用砖夹装卸砖块，被夹的一叠水平砖块不会掉落；自行车拧紧的辐条，保证钢圈受压不变形，等等，这些都是运用了预应力原理的浅显事例。随着土木工程中混凝土强度等级的不断提高，高强钢筋的进一步使用，预应力混凝土目前已广泛应用于大跨度建筑结构、公路路面及桥梁、铁路、海洋、水利、机场、核电站等工程之中。例如，广州市九运会的体育场馆、日新月异的众多公路大桥、核电站的反应堆保护壳、上海市的东方明珠电视塔、遍及沿海地区高层建筑、大跨建筑以及量大面广的工业建筑的吊车梁、屋面梁等都采用了现代预应力混凝土技术。

（二）预应力混凝土结构的特点

预应力混凝土结构除具有普通钢筋混凝土结构的特点外，还具有以下主要特点。

（1）预应力的施加能提高构件的抗裂度和刚度。对构件施加预应力，大大推迟了裂缝的出现，在使用荷载作用下，构件可不出现裂缝，或使裂缝推迟出现，因而也提高了构件的刚度，增加了结构的耐久性。

（2）可以节省材料，减少自重。预应力混凝土由于必须采用高强度材料，因而可以减少钢筋用量和减少构件截面尺寸，使自重减轻，从而有可能利于预应力混凝土构件建造大跨度承重结构。

（3）预应力的施加还可以减少梁的竖向剪力和主拉应力。预应力混凝土梁的曲线钢筋（束），可使梁中支座附近的竖向剪力减少。

（4）结构质量安全可靠。施加预应力时，钢筋（束）与混凝土都同时经受了一次强度检验，如果在张拉钢筋时构件质量表现良好，那么，在使用时也可以认为是安全可靠的。因此，有人称预应力混凝土结构是"预先经过检验的结构"。

（5）预应力可作为结构件连接的手段，从而促进桥梁结构新体系与施工方法的发展。此外，预应力还可以提高结构的耐疲劳性能。

预应力混凝土也存在着一些缺点：

（1）如工艺较复杂，对质量要求高，因而需要配备一支技术较熟练的专业施工队伍；

（2）制造预应力混凝土构件需要较多的张拉设备及具有一定加工精度要求的锚具；

（3）预应力反拱不易控制；

（4）预应力混凝土结构的开工费用较大，对于跨径小、构件数量少的工程，成本较高。

（三）预应力混凝土结构的类型

1. 先张法预应力混凝土构件与后张法预应力混凝土构件

按照预应力混凝土的施工工艺，可分为先张法预应力混凝土构件和后张法预应力混凝土构件。在混凝土浇筑之前先对预应力筋进行张拉的方法为先张法。而先浇筑混凝土，等养护结硬后，再对预应力钢筋进行张拉的方法为后张法。

2. 全预应力混凝土构件和部分预应力混凝土构件

根据预加应力值大小对构件截面裂缝控制程度不同，预应力混凝土构件分为全预应力混凝土构件和部分预应力混凝土构件。

全预应力混凝土构件是在使用荷载作用下，不允许截面上混凝土出现拉应力的构件。

部分预应力混凝土构件是在使用荷载作用下，允许截面受拉区出现裂缝，但最大裂缝不超过允许值的构件。

3. 有黏结预应力混凝土构件与无黏结预应力混凝土构件

根据预应力钢筋和混凝土之间有无黏结力，又可分为有黏结预应力混凝土构件和无黏结预应力混凝土构件。多数预应力混凝土构件中，预应力钢筋和混凝土都牢固地黏结在一起，称为有黏结预应力构件；但有时为了减少施工工艺，把预应力钢筋和混凝土分开，将预应力钢筋外表面涂以沥青、油脂或其他润滑防锈材料，用塑料管或其他方法与混凝土隔开，作为无黏结预应力混凝土构件。

二、预应力混凝土构件的构造要求

（一）先张法构件

试验表明，双根排列的钢丝与混凝土的黏结性能没有单根好，一般要降低 10%～20%。由于黏结力降低不算太大，故当先张法预应力钢丝按单根方式配筋困难时，可采用相同直径钢丝并筋的配筋方式。并筋的等效直径，对双并筋应取为单筋直径的 1.4 倍，对三并筋应取为单筋直径的 1.7 倍。并筋的保护层厚度、锚固长度、预应力传递长度及正常使用极限状态验算均应按等效直径考虑。当预应力钢绞线、热处理钢筋采用并筋方式时，应有可靠的构造措施。

先张法预应力钢筋之间的净间距应根据浇筑混凝土、施加预应力及钢筋锚固等要求确定。预应力钢筋之间的净间距不应小于其公称直径或等效直径的 1.5 倍，且应符合下列规定：对热处理钢筋及钢丝，不应小于 15mm；对三股钢绞线，不应小于 20mm；对七股钢绞线，不应小于 25mm。

先张法预应力混凝土构件在放松预应力钢筋时，有时端部会产生劈裂裂缝。因此，对预应力钢筋端部周围的混凝土应采取下列加强措施：

（1）对单根配置的预应力钢筋，其端部宜设置长度不小于 150mm 且不少于 4 圈的螺旋筋；当有可靠经验时，亦可利用支座垫板上的插筋代替螺旋筋，但插筋数量不应少于 4 根，其长度不宜小于 120mm；

（2）对分散布置的多根预应力钢筋，在构件端部 10d（d 为预应力钢筋的公称直径）范围内应设置 3～5 片与预应力钢筋垂直的钢筋网；

（3）对采用预应力钢丝配筋的薄板，在板端 100mm 范围内应适当加密横向钢筋。对于槽形板一类的构件，特别是预应力主筋布置在肋内时，两肋中间的板会产生纵向裂缝。因此，对槽形板类构件，应在构件端部 100mm 范围内沿构件板面设置附加横向钢筋，其数量不应少于 2 根。

对预制肋形板，宜设置加强其整体性和横向刚度的横肋。端横肋的受力钢筋应弯入纵肋内。当采用先张长线法生产有端横肋的预应力混凝土肋形板时，应在设计和制作上采取防止放张预应力时端横肋产生裂缝的有效措施。

对直线配筋的先张法构件，当构件端部与下部支承结构焊接时，应考虑混凝土收缩、徐变及温度变化所产生的不利影响，宜在构件端部可能产生裂缝的部位设置足够的非预应力纵向构造钢筋。

（二）后张法构件

在后张法预应力混凝土结构中，预应力钢筋张拉后要用一定的措施锚固在构件两端。锚具是维持其预加应力的关键，故后张法预应力钢筋所用锚具的形式和质量应符合国家现行有关标准的规定。

孔道的布置要考虑张拉设备和锚具尺寸及端部混凝土局部承压的要求。后张法预应力钢丝束、钢绞线束的预留孔道应符合下列规定：对预制构件，孔道之间的水平净间距不宜小于 50mm；孔道全构件边缘的净间距不宜小于 30mm，且不宜小于孔道直径的一半。在框架梁中，预留孔道在竖直方向的净间距不应小于孔道外径，水平方向的净间距不应小于1.5 倍孔道外径；从孔壁算起的混凝土保护层厚度，梁底不宜小于 50mm，梁侧不宜小于40mm。预留孔道的内径应比预应力钢丝束或钢绞线束外径及需穿过孔道的连接器外径大10~15mm。在构件两端及跨中应设置灌浆孔或排气孔，其孔距不宜大于 12m。凡制作时需要预先起拱的构件，预留孔道宜随构件同时起拱。

为了控制后张法构件端部附近的纵向水平裂缝，对后张法预应力混凝土构件的端部锚固区应进行局部受压承载力计算，并配置间接钢筋，其体积配筋率不应小于 0.5%。为了防止沿孔道产生劈裂，在局部受压间接钢筋配置区以外，在构件端部长度 l 不小于 $3e$（e为截面重心线上部或下部预应力钢筋的合力点至邻近边缘的距离）但不大于 $1.2h$（h 为构件端部截面高度）、高度为 $2e$ 的附加配筋区范围内，应均匀配置附加箍筋或网片，其体积配筋率不应小于 0.5%。

在后张法预应力混凝土构件端部宜按下列规定再布置附加构造钢筋：

（1）宜将一部分预应力钢筋在靠近支座处弯起，弯起的预应力钢筋宜沿构件端部均匀布置；

（2）当构件端部预应力钢筋需集中布置在截面下部或集中布置在上部和下部时，应在构件端部 $0.2h$（h 为构件端部截面高度）范围内设置附加竖向焊接钢筋网，封闭式箍筋或其他形式的构造钢筋；

（3）附加竖向钢筋宜采用带肋钢筋，其截面面积应符合下列要求：

当 $e \leqslant 0.1h$ 时

$$A_{SV} \geqslant 0.3 \frac{N_P}{f_y}$$

当 $0.1h < e \leqslant 0.2h$ 时

$$A_{SV} \geqslant 0.15 \frac{N_P}{f_y}$$

当 e>0.2h 时，可根据实际情况适当配置构造钢筋。

式中 N_p——作用在构件端部截面重心线上部或下部预应力钢筋的合力，按上述有关规定计算并应再乘以预应力分项系数 1.2，此时，仅考虑混凝土预压前的预应力损失值；

e——截面重心线上部或下部预应力钢筋的合力点至邻近边缘的距离；

f_y——附加竖向钢筋的抗拉强度设计值。

当端部截面上部和下部均有预应力钢筋时，附加竖向钢筋的总截面面积应按上部和下部的预应力合力分别计算的数值叠加后采用。

构件端部尺寸应考虑锚具的布置、张拉设备的尺寸和局部受压的要求，必要时应适当加大。

当构件在端部有局部凹进时，应增设折线构造钢筋或其他有效的构造钢筋。当对后张法预应力混凝土构件端部有特殊要求时，可通过有限元分析方法进行设计。

后张法预应力混凝土构件中，曲线预应力钢丝束、钢绞线束的曲率半径不宜小于 4m；对折线配筋的构件，在预应力钢筋弯折处的曲率半径可适当减小。

在后张法预应力混凝土构件的预拉区和预压区中，应设置纵向非预应力构造钢筋；在预应力钢筋弯折处，应加密箍筋或沿弯折处内侧设置钢筋网片。

对外露金属锚具，应采取可靠的防锈措施。

三、预应力混凝土的材料与张拉机具

（一）预应力混凝土的材料

预应力混凝土构件抗裂性的高低，取决于预应力筋预拉力的大小。预应力筋预拉力越高，混凝土受到的预压力就越大，构件的抗裂性也就越好。为了建立较高的预应力，必须尽量采用高强度钢材和高强度混凝土。在预应力混凝土构件中对预应力筋有下列一些要求。

（1）强度要高

预应力筋的张拉应力在构件的整个制作和使用过程中会出现各种应力损失，这些损失的总和有时可达到 $200N/mm^3$ 以上，如果所用的预应力筋强度不高，那么张拉时所建立的应力甚至会损失殆尽。

（2）与混凝土有较好的黏结力

先张法构件，是靠预应力筋与混凝土之间的黏结力来传递预应力的。有些试验表明，直径大于 4mm 的光面碳素钢丝，在应力达到 $1000N/mm^3$ 以上时，就会在混凝土中发生滑移。因此，在先张法中，预应力筋与混凝土之间必须有较高的黏结自锚强度。对一些高强度的光面钢丝就要经过"刻痕""压波"或"扭结"，使它形成刻痕钢丝、波形钢丝及扭结钢丝，增加黏结力。

（3）要有足够的塑性和良好的加工性能

钢材强度越高，其塑性（拉断时的伸长率）越低。预应力筋塑性太低时，特别当处于低温和冲击荷载条件下，就有可能发生脆性断裂。良好的加工性能是指焊接性能好，以及采用镦头锚板时，预应力筋头部镦粗（冷镦、热镦）后不影响原有的力学性能等。

目前我国常用的预应力筋有下列几种。

用作预应力筋的钢丝可分为：

（1）钢绞线

将多根平行的高强钢丝围绕中间的一根芯丝通过绞盘机以螺旋形式紧紧包住芯丝使之拧成一股。常用的如 $7\varphi5$，表示 7 根直径为 5mm 的高强钢丝为一股，外围直径约 15mm，螺距约为外围直径的 15 倍，最后经回火处理，设计强度可达 1000N/mm² 以上。钢绞线与混凝土黏结较好，而且比钢筋或钢丝束柔软，便于运输和施工，端部还可设法镶头，已在大跨度桥梁等结构中得到广泛应用。

（2）高强钢丝

包括光面（碳素钢丝）和螺旋肋钢丝。光面钢丝直径为 4~9mm，螺旋肋钢丝公称直径为 4~9mm，设计强度可达 1000N/mm² 以上，但因含碳量较高，塑性较差。

（3）钢丝束

在后张法构件中，当需要钢丝的数量很多时，钢丝常成束布置，称为钢丝束。钢丝束就是将几根或几十根钢丝按一定的规律平行地排列，用铁丝扎在一起。排列的方式有单根单圈、单根双圈、单束单圈等。

用作预应力筋的预应力螺纹钢筋即精轧螺纹钢筋，公称直径在 18mm 以上，其设计抗拉强度通常低于 1000N/mm²，可用于中、小跨度的预应力构件。

在预应力混凝土构件中，对混凝土有下列一些要求。

（1）强度高，以与高强度预应力筋相适应，保证预应力筋充分发挥作用，并能有效地减小构件截面尺寸和减轻自重。

（2）弹性模量高，以使构件刚度加大，变形小，减少预应力损失。

（3）收缩徐变小，以减少预应力损失。

（4）快硬、早强，以能尽早施加预应力，加快施工进度，提高设备利用率。

一般来说，预应力构件的混凝土强度等级不应低于 C30；当采用钢绞线、钢丝等作为预应力筋以及大跨度结构，则不宜低于 C40。

（二）预应力筋的张拉和锚固——锚具与夹具

张拉预应力筋一般采用千斤顶机械张拉。

锚具和夹具是锚固及张拉预应力筋时所用的工具。在先张法中，张拉预应力筋时要用张拉夹具夹持预应力筋。张拉完毕后，要用锚固夹具将预应力筋临时锚固在台座上。后张法中也要用锚具来张拉及锚固预应力筋。通常把锚固在构件端部，与构件连成一起共同受力，不再取下的称为锚具（工作锚）；在张拉过程中夹持预应力筋，以后可取下并重复使用的称为夹具（工具锚）。锚具与夹具有时也能互换使用。锚具、夹具的选择与构件的外形、预应力筋的品种、规格和数量有关，同时还必须与张拉设备配套。

下面只列举一些常用的及有代表性的张拉预应力筋的千斤顶及锚具、夹具，以说明其一般情况。

1. 先张法

如果采用钢丝作为预应力筋，则可利用偏心夹具夹住钢丝用卷扬机张拉，再用锥形锚固夹具或楔形夹具将钢丝临时锚固在台座的传力架上，锥销（或楔块）可用人工锤入套筒（或锚板）内。这种方法只能张拉单根或双根钢丝，工效较低。

如果在钢模上张拉多根预应力钢丝时，则可采用梳子板夹具。钢丝两端用镦头（冷镦）锚定，利用安装在普通千斤顶内活塞上的爪子钩住梳子板上两个孔洞施加力于梳子板，钢丝张拉完毕立即拧紧螺母，钢丝就临时锚固在钢模横梁上。施工时速度很快。

如果预应力钢丝排列稠密，则可采用波形夹具。

采用粗钢筋作为预应力筋时，对于单根钢筋最常用的办法是在钢筋端部连接一工具式螺丝杆，螺丝杆穿过台座的活动钢横梁后用螺母固定，利用普通千斤顶推动活动横梁就可张拉钢筋。

工具式螺杆与预应力筋之间可采用焊接连接或者用套筒式连接器连接。套筒式连接器是由两个半圆形套筒组成。每个半圆形套筒上焊接有两根连接预应力筋，使用时将预应力筋及工具式螺杆的端头锻粗，再将套筒夹在两个镦粗头之间，套上钢圈将其箍紧，就可把预应力筋与螺杆连接起来。

对于多根预应力筋，则可考虑采用螺杆镦粗夹具，或螺杆销片夹具，或锥形锚块夹具。

2. 后张法

张拉钢丝束和钢绞线束时，则可采用 JM12 型锚具配用穿心式千斤顶。JM12 型锚具是由锚环和夹片组成。夹片的块数与预应力钢丝或钢绞线的根数相同。夹片可为 3、4、5 片或 6 片,用以锚固 3~6 根直径 12~14mm 的钢丝或 7φ5 的钢绞线。配套用千斤顶为 YJC-200、YC-180、YC-200、YC-600、YC-1000、YC-1200 型等。该锚具适宜于长度很大的构件,预应力筋下料长度要求并不高,但锚具加工费时,精度要求高,张拉操作要求熟练。

锚固钢绞线(或钢丝束)时,还可采用 XM、QM 型锚具。此类锚具由锚环和夹具组成。分单孔和多孔两类,多孔锚具又称为群锚。每根钢绞线(或钢丝束)由三个夹片夹紧。每块夹片由空心锥台按三等分切割而成。XM 型锚具和 QM 型锚具夹片切开的方向不同,前者与锥体母线倾斜而后者平行。一个锚具可夹 3~10 根钢绞线(或钢丝束)。XM 型锚具的配套千斤顶可选用 YCD-200~YCD-3000 型等,QM 型锚具的配套千斤顶可选用 YC-180、YCD-200、YCQ1000-3000 型。由于对下料长度无严格要求,故施工方便。由于张拉力大,对于锚固 6 根以上钢绞线较为适宜。该锚具每根钢绞线均锚固可靠,具有互换性能好、自锚性能强的优点。已大量用于铁路、公路及城市交通的预应力桥梁等大型结构构件。

锚固高强钢丝束时,也可采用镦头锚具。它由锚杯及固定锚杯位置的螺母组成。张拉时,先将钢丝穿过锚杯上的孔洞,用镦头器将钢丝端头锻成圆头,与锚杯锚定,然后利用工具式拉杆和连接套筒将千斤顶活塞杆与锚杯相连接进行张拉,边张拉边拧紧螺母。锚杯上的孔洞数和位置由钢丝束根数及排列方式决定。张拉可应用 YL-600、YCL1200、YC-600 型千斤顶。这种锚具性能可靠,锚具产生的损失小,锚固力大,张拉操作方便,但对钢丝的下料长度要严格控制(避免预应力筋受力不均),且不宜用于锚固曲线预应力筋。

钢丝束常采用锥形锚具配用外夹式双作用千斤顶进行张拉。这种锚具可张拉 12~24 根直径为 5mm 的碳素钢丝组成的钢丝束,还可用于锚固 3~6 根、d=12mm 的钢筋或钢绞线。锥形锚具由锚圈及带齿的圆锥体锚塞组成。锚塞中间有小孔作锚固后灌浆之用。由双作用千斤顶张拉钢丝后又将锚塞顶压入锚圈内,利用钢丝在锚塞与锚圈之间的摩擦力锚固钢丝。配套千斤顶为 YZ-600、YZ-850 型锥锚千斤顶。该锚具操作简便,施工效率较高,但相对滑移大,各根筋的应力不均匀。

后张法中的预应力筋如采用单根粗钢筋,也可用螺丝端杆锚具,即在钢筋一端焊接螺丝端杆,螺丝端杆另一端与张拉设备相连。张拉完毕时通过螺母和垫板将预应力钢筋锚固在构件上。该法端部需对焊带螺丝的端杆,故费工时,对焊质量要求高,下料长度控制严,但预应力锚具损失较小。

除了上述一些锚具、夹具外,还有帮条锚具、锥形螺杆锚具、大直径精轧螺纹钢筋锚具、铸锚锚具以及大型混凝土锚头等。虽然形式多种多样，但其锚固原理不外乎两大类，即依靠楔作用原理，由螺牙的剪切作用、夹片的挤压与摩擦作用，简称摩阻式；和靠钢筋端部形成的锻头的局部承压作用或螺母直接支承在混凝土上，简称承压式。最终都需要带动锚头（锚杯、锚环、螺母等）挤压构件。

四、预应力混凝土的施工工艺

对于预应力混凝土预制梁而言，对梁施加预应力是一件非常重要的工作。如何施加预应力，施加预应力时质量的控制、施加预应力过多或过少都会影响到梁的质量，所以必须按施工及设计要求精确的施加预应力。目前在桥梁工程中常用的方法有先张法和后张法。

（一）后张法预应力混凝土梁的施工前的准备工作

后张法是先预留孔道，浇筑混凝土，待混凝土达到设计强度后穿筋、张拉、压浆、封锚，形成预应力混凝土梁。

张拉前需完成预留孔道、制索、制锚等准备工作。

①预应力筋伸长值的计算与要求

在预应力混凝土结构张拉施工时，预应力筋的张拉采用双控，即张拉应力和伸长值控制。控制以张拉应力为主，同时校核预应力筋的伸长值，若张拉过程中张拉伸长值超过规范偏差范围，应立即停止操作检查原因，待采取措施并排除故障后才能继续张拉。实际伸长值与理论伸长值的误差应控制在6%以内。

②预留孔道工艺

为了能在梁体混凝土内形成钢束管道，应在浇筑混凝土前安置制孔器。按照制孔的方式不同，可分为预埋式制孔器和抽拔式制孔器两大类。预埋式制孔器按预应力筋设计位置和形状固定在钢筋骨架中，本身便是孔道。橡胶管制孔器是按设计位置固定在钢筋骨架中，待混凝土达到一定强度时，再将控制器抽拔出以形成孔道。

a. 预埋式制孔器

包括金属波纹管和塑料波纹管等。金属波纹管由制管机卷制而成，横向刚度大，纵向也便于制成各种线性，与混凝土梁的黏结较好。塑料波纹管是一种新型成孔材料，与金属波纹管相比，它具有以下优点。

塑料波纹管为连续挤出成型，密封性好，无渗水漏浆现象。

塑料波纹管原材料为高密度聚乙烯，简称为"HDPE"。耐酸碱腐蚀，耐老化，永不生锈。

塑料波纹管与钢绞线的摩擦系数小，能有效地减小张拉过程中的预应力摩擦损失。

塑料波纹管柔韧性好，环向刚度高，不怕踩压。

塑料波纹管不导电，可以防止杂散电流腐蚀。

塑料波纹管弯曲度大，连接方便，可以大力提高施工效率。

b. 抽拔式制孔器

为了增加橡胶管的刚度和控制位置的准确，需在橡胶管内设置圆钢筋（又称芯棒），以便在先抽出芯棒之后，橡胶管易于从梁体内拔出。

制孔器的抽拔：人工逐根或机械分批抽拔。

抽拔顺序：先抽芯棒，后拔胶管；先拔下层胶管，后拔上层胶管。

抽拔时间：混凝土初凝之后与终凝之前，其抗压强度达 4~8MPa 时为宜。

经验公式：

$$t = 100/T$$

式中 t——混凝土浇筑完毕至抽拔制孔器的时间（h）；

T——预制构件所处的环境温度（℃）。

③夹具和锚具

夹具和锚具是在制作预应力构件时锚固预应力钢筋的工具。一般以构件制成后能够重复使用的称为夹具；永远锚固在构件上，与构件连成一体共同受力，不再取下的称为锚具。为了简化起见，有时也将夹具和锚具统称为锚具。

a. 对锚具的要求

无论是先张法所用的临时夹具，还是后张法所用的永久性工作锚具，都是保证预应力混凝土施工安全、结构可靠的技术关键性设备。因此，在设计、制造或选择锚具时，应注意满足受力安全可靠；预应力损失要小；构造简单，紧凑、制作方便，用钢量少；张拉锚固方便迅速，设备简单。

b. 锚具的分类

锚具的形式繁多，按其传力锚固的受力原理，可分为：

依靠摩阻力锚固的锚具。如楔形锚、锥形锚和用于锚固钢绞线的 JM 锚具等，都是借张拉筋束的回缩或千斤顶顶压，带动锥销或夹片将筋束楔紧于锥孔中而锚固的。

依靠承压锚固的锚具。如锻头锚、钢筋螺纹锚等，是利用钢丝的钛粗头或钢筋螺纹承压进行锚固的。

依靠黏结力锚固的锚具。如先张法的筋束锚固，以及后张法固定端的钢绞线压花锚具等，都是利用筋束与混凝土之间的黏结力进行锚固的。

对于不同形式的锚具，往往需要有专门的张拉设备配套使用。因此，在设计施工中，锚具与张拉设备的选择，应同时考虑。

（二）先张法预应力混凝土梁的施工工艺

先张法是在浇筑混凝土构件前把张拉后的预应力钢筋（丝）临时锚固在台座（在固定的台座上生产时）或钢模（机组中流水生产时）上，然后浇筑混凝土构件，待混凝土达到一定强度时放松预应力，借助混凝土与预应力钢筋（丝）之间的黏结，对混凝土产生预压应力。先张法施工设备包括台座、张拉机具和夹具等。

（1）台座

①墩式台座

墩式台座是靠自重和土压力来平衡张拉力所产生的倾覆力矩，并靠土壤的反力和摩擦力来抵抗水平位移。台座由台面、承力架、横梁和定位钢板等组成。

台面是制梁的底模，有整体式混凝土台面和装配式台面两种；横梁将预应力筋张拉力传给承力架；承力架承受全部的张拉力，它们都须进行专门的设计计算。定位钢板用来固定预应力筋的位置，其厚度必须保证承受张拉力后具有足够的刚度。定位板上的圆孔位置则按构件中预应力筋的设计位置确定。

②槽式台座

当现场地质条件较差，台座又不很长时，可以采用由台面、传力柱、横梁、横系梁等构件组成的槽式台座。传力柱和横系梁一般用钢筋混凝土做成，其他部分与墩式台座相同。

（2）张拉

为了避免台座承受过大的偏心力，应先张拉靠近台座截面重心处的预应力筋。

放张时，混凝土应达到设计规定的放张强度，若设计无规定，则不得低于设计混凝土强度标准值的75%。在台座上将预应力筋的张拉力放松，逐渐将此力传递到混凝土构件上。

①千斤顶放松

在台座上安装千斤顶后，先将预应力筋稍张拉至能够逐步扭松端部固定螺帽的程度，然后逐渐放松千斤顶，让钢筋慢慢回缩。

②砂筒放松

张拉预应力之前，在承力架和横梁之间各放一个灌满烘干细砂的砂筒，张拉时筒内砂子被压实。当需要放松预应力筋时，可将出砂口打开，使砂子慢慢流出，活塞徐徐顶入，直至张拉力全部放松。本法易于控制放松速度，应用较广。

第五章 建筑砌体结构与钢结构施工设计

通常把用砂浆将砖石砌筑起来的结构称作砌体结构。砌体结构在我国有着悠久光辉的历史。据资料记载，千百年来砌体结构不仅为人们遮风避雨、防止野兽侵害等，还在军事上成了民族抵御外敌的屏障。考古发现，最早木架泥墙结构出现在 4500—6000 年前。随着中华文明的进步与发展，人们逐渐采用黏土夯土城墙、土坯墙建造房屋。西周时期出现了烧制的瓦，在秦始皇墓中已出土了精致的砖，到了汉代，砖石应用发展有了质的飞跃，不仅用于亭台楼阁建造，更广泛地体现于雕龙画凤的装饰浮雕。"秦砖汉瓦"是中华优秀灿烂文化的重要组成部分，长城、赵州桥等建筑，更是人类建筑史上的伟大奇迹。一座砌体房屋，以地面为界，地面以下是地基基础，以上是上部主体结构，由墙体、楼板、屋面等组成，墙体又由各种构件构成。

第一节　砌体结构类型及结构方案布置

一、砌体结构类型

砌体是用不同尺寸和形状的起骨架作用的块体材料和起胶结作用的砂浆按一定的砌筑方式砌筑而成的整体，常用作一般工业与民用建筑物受力构件中的墙、柱、基础，多高层建筑物的外围护墙体和分隔填充墙体，以及挡土墙、水池、烟囱等部位。

砌体可按照所用材料、砌法以及在结构中所起作用等方面的不同进行分类。按砌体中有无配筋可分为无筋砌体与配筋砌体，无筋砌体按照所用材料的不同又分为砖砌体、砌块砌体及石砌体；按实心与否可分为实心砌体与空斗砌体；按在结构中所起的作用不同可分为承重砌体与自承重砌体等。

（一）无筋砌体结构

无筋砌体结构是指无筋或者配置非受力钢筋的砌体结构，按照所用材料的不同可分为砖砌体、砌块砌体和石砌体结构。

（1）砖砌体结构

由砖和砂浆砌筑而成的整体材料称为砖砌体，包括烧结普通砖、烧结多孔砖、混凝土多孔砖和蒸压硅酸盐砖砌体。

砖砌体结构的使用面很广。根据现阶段我国墙体材料革新的要求，实行限时、限地禁止使用黏土实心砖。对于烧结黏土多孔砖，应认识到它是墙体材料革新中的一个过渡产品，其生产和使用亦将逐步受到限制。

（2）砌块砌体结构

由砌块和砂浆砌筑而成的整体材料称为砌块砌体，目前国内外常用的砌块砌体以混凝土空心砌块砌体为主，包括普通混凝土空心砌块砌体和轻骨料混凝土空心砌块砌体。砌块按尺寸大小的不同分为小型、中型和大型三种。小型砌块尺寸较小、型号多、尺寸灵活，施工时可不必借助吊装设备而用手工砌筑，适用面广，但劳动量大。中型砌块尺寸较大，适于机械化施工，便于提高劳动生产率，但其型号少，使用不够灵活。大型砌块尺寸大，有利于生产工厂化、施工机械化，可大幅提高劳动生产率，加快施工进度，但需要有相当的生产设备和施工能力。

轻质砌块中间加一层保温层就成了保温砌块，由保温砌块砌筑而成的整体材料称为保温砌块砌体。当用这种砌体砌筑时，建筑的保温问题也解决了，省时、省工、效果好，目前国内外都在积极发展该种砌体。

砌块砌体砌筑施工前需考虑的一项重要工作为砌块排列设计，设计时应充分利用其规律性，尽量减少砌块类型，使其排列整齐，避免通缝，砌筑牢固，以取得良好的经济技术效果。

（3）石砌体结构

由天然石材和砂浆（或混凝土）砌筑而成的整体材料称为石砌体。用作石砌体的石材有毛石和料石两种。毛石又称片石，是经采石场爆破直接获得的形状不规则的石块。料石是由人工或机械开采出的较规则的六面体石块，再略经凿琢而成。根据石材的分类，石砌体又可分为料石砌体、毛石砌体和毛石混凝土砌体等。石砌体结构主要在石材资源丰富的地区使用。

（二）配筋砌体结构

配筋砌体结构是指由配置钢筋的砌体作为建筑物主要受力构件的结构，是网状配筋砌体柱、水平配筋砌体墙、砖砌体和钢筋混凝土面层或钢筋砂浆面层组合砌体柱（墙）、砖砌体和钢筋混凝土构造柱组合墙以及配筋砌块砌体剪力墙结构的统称。

配筋砌体结构具有较高的承载力和延性，改善了无筋砌体结构的受力性能，减小了构件的截面尺寸，同时增强了结构的整体性，扩大了砌体结构的应用范围。

二、砌体结构房屋设计概述

由砌体墙、柱、基础等竖向承重构件和钢筋混凝土（或木材、轻钢等）、梁、楼（屋）盖等水平承重构件组成的建筑常称为"混合结构"房屋。混合结构房屋中墙、柱、梁、板等承重构件的结构布置应满足建筑功能、使用功能，以及结构合理，经济效益良好等要求，所以房屋结构布置方案的选择成为整个结构设计的关键。

在进行砌体结构房屋设计时，首先进行结构的布置与选型，然后确定房屋的静力计算方案，进行墙、柱的内力计算，最后验算墙、柱的承载力和稳定性，并采取相应的构造措施，保障结构设计的科学性、合理性。需要注意的是，在具体设计某一项工程的时候，以上的顺序不一定是一成不变的。例如，结构的选型和静力计算方案的确定，如果静力计算方案明显不合理时，可以先确定静力计算方案，然后调整或重新布置结构方案；再比如，如果根据经验判断，某墙体可以很容易满足静力计算要求，但很难满足构造要求时，可以先根据构造要求确定结构或构件的尺寸或配筋，然后再进行验算。总之，砌体结构房屋设计是一个需要反复调整、修改的过程。

三、结构方案布置

结构布置，从根本上讲，很多时候是根据建筑师的建筑方案或甲方的要求来进行布置，结构师可以发挥的空间并不是很大。一个好的建筑方案需要结构师和建筑师反复沟通确定。比较理想的状态是，在方案概念设计时，结构师就介入建筑方案的讨论并提出合理化建议，可以从根源上避免结构整体性缺陷，并合理控制工程造价。建筑方案的多种多样导致了结构方案的多样性，但根据竖向荷载的传递路线不同，混合结构房屋的结构布置可分为纵墙承重、横墙承重、纵横墙承重和内框架承重等四种方案。

通常将平行于房屋长向布置的墙体称为纵墙，将平行于房屋短向布置的墙体称为横墙。房屋四周与外界隔离的墙体称为外墙，其余的墙体称为内墙。

（一）纵墙承重方案

房屋的荷载由纵墙承重的结构布置称为纵墙承重方案。纵墙承重也有两种布置：楼板直接搁置在纵墙上，荷载的主要传递路径为：楼（屋）盖→纵墙→基础→地基；楼板搁置在横向布置的梁上，而梁搁置在纵墙上，荷载的主要传递路径为：楼（屋）盖→梁→纵墙→基础→地基。工程上常采用第二种结构布置形式。

纵墙承重方案的特点是：建筑平面布置比较灵活，横墙间距可根据需要确定，不受限制，因此适用于有较大空间需求的房屋；墙体材料用量较少，但楼（屋）盖构件用料较多；横墙数量少，所以房屋的横向刚度小，整体性差；由于纵墙是主要承重墙，因此设置在纵墙上的门窗洞口大小和位置受到一定限制。纵墙承重方案主要用于开间较大的单层厂房、仓库、食堂、教学楼等建筑中。

（二）横墙承重方案

将楼（屋）盖搁置在横墙上，荷载由横墙承担，而纵墙只作为维护结构的布置称为横墙承重方案。横墙承重方案的荷载主要传递路径为：楼（屋）面板→横墙→基础→地基。

横墙承重方案的特点是：横墙是主要承重墙，纵墙主要起围护、隔断作用，因此在纵墙上开设门窗洞口所受限制较少；横墙数量多、间距小，又有纵墙拉结，因此房屋的横向刚度人，整体性好，有良好的抗风、抗震性能及调整地基不均匀沉降的能力；横墙承重方案结构形式较简单，施工方便，但墙体材料用量较多；房间大小比较固定。因而一般适用于宿舍、住宅、寓所类建筑。

（三）纵横墙承重方案

屋盖、楼盖传来的荷载由纵墙和横墙混合承重的布置称为纵横墙承重方案。纵横墙承重结构的荷载主要传递路径为：楼（屋）面板→纵墙或横墙→基础→地基。

纵横墙承重方案既可保证有灵活布置的房间，又具有较大的空间刚度和整体性，兼有纵墙承重体系和横墙承重体系的特点，适用于建筑使用功能较为多样的房屋，如综合楼等。

（四）内框架承重方案

楼（屋）面荷载由房屋内部钢筋混凝土框架和外部砌体承重墙、柱共同承担的结构布置称为内框架承重方案。荷载的主要传递路径为：楼（屋）盖→内框架（外承重墙、柱）→基础→地基。

内框架承重方案的优点是：内墙由框架取代，可以获得较大内部使用空间；与全钢筋混凝土框架相比，砌体外承重墙、柱在满足承载力要求下更经济。缺点是横墙较少，房屋空间刚度较差，抗震能力较弱；抵抗地基不均匀沉降能力较差。在抗震设防地区，不宜采用内框架承重结构体系。

对于以上几种方案，可以根据建筑功能和结构受力等多方面因素综合考虑和选择，从结构有利于抗震和整体性的方面讲，应优先采用横墙承重和纵横墙共同承重的结构方案。

第二节　钢结构的一般概念及连接方式

一、钢结构的特点及应用

（一）钢结构的特点

钢结构是钢材制成的工程结构，通常由型钢和钢板等制成的梁、析架、柱、板等构件组成，各部分之间用焊缝、螺栓或铆钉连接。有些钢结构还部分采用钢丝绳或钢丝束。

钢结构与钢—混凝土混合结构、木结构和砖石等砌体结构都是工程结构的不同分支。它们之间有许多共同性，如在结构体系、内力分析和设计程序等方面大体是相同的。但由于材料性质的不同，原材料和构件截面形状的不同，也有其特殊性，例如在结构形式、构件计算方法、构件连接方法和构造处理方法等方面都有显著差别。学习钢结构时应注意它的特殊点。

钢结构具有下述优缺点。

①强度高，自重轻。尽管钢材的密度较大，但其强度较高，弹性模量亦高，因而钢结构构件所需截面较小，钢材容重与其设计强度的比值也就相对较小，所以自重轻，便于运输、安装和拆卸。特别适用于大跨度和高耸结构（如桥梁、高耸建筑），也适用于活动结构（如钢闸门、工地活动板房等）。

②材质均匀，可靠性高。钢材组织均匀，其物理力学特性接近于各向同性。钢材由钢厂生产，生产过程控制严格，质量比较稳定。同时，钢材的抵抗变形能力较强，是一种理想的弹塑性材料，与一般变形固体力学对材料性能所做的基本假定吻合度高。因此，钢结构的实际工作性能比较符合目前采用的理论计算结果，钢结构可靠性较高。

③塑性和韧性好。钢结构的抗拉和抗压强度相同，塑性和韧性均好，适于承受冲击和动力荷载，有较好的抗震性能。

④便于机械化制造。钢结构由轧制型材和钢板在工厂制成，便于机械化制造，生产效率高，速度快，成品精确度较高，质量易于保证，是工程结构中工业化程度最高的一种

结构。

⑤安装方便，施工期限短。钢结构安装方便，施工期限短，可尽快地发挥投资的经济效益。

⑥密封性好。钢结构的密封性较好，容易做成密不漏水和密不漏气的常压和高压容器结构和大直径管道。

⑦耐热性较好。结构表面温度在 200 ℃以内时，钢材强度变化很小，因而钢结构适用于热车间。但结构表面长期受辐射热达 150℃时，应采用隔热板加以防护。

⑧耐火性差。钢结构耐火性较差，钢材表面温度达 300 ~ 400 ℃以后，其强度和弹性模量显著下降，600℃时几乎降到零。当耐火要求较高时，需要采取保护措施，如在钢结构外面包混凝土或其他防火板材，或在构件表面喷涂一层含隔热材料和化学助剂等的防火涂料，以提高耐火等级。

⑨耐锈蚀性差。钢结构耐锈蚀性较差，特别是在潮湿和腐蚀性介质的环境中，容易锈蚀，需要定期维护，增加了维护费用。

（二）钢结构的应用范围

由于钢材和钢结构有上述特点，钢结构广泛应用于各种工程结构中。目前，钢结构的合理应用范围大体如下所述。

①大跨径结构。随着结构跨度增大，结构自重在全部荷载中所占的比重也就越大，减轻自重可获得明显的经济效益。对于大跨度结构，钢结构质量轻的优点显得特别突出。我国上海可容纳 8 万人的体育馆是一平面为椭圆形的建筑，采用了由径向悬挑格架和环向析架组成的空间钢屋盖结构。长轴为 288.4 m，短轴为 274.4 m，屋盖最大悬挑跨度达 73.5 m。2005 年建成通车的润扬长江大桥，其中南汉主桥采用单孔双铰钢箱梁悬索桥，主跨径 1 490 m，为建成时中国第一、世界第三；2018 年建成通车的举世瞩目的港珠澳大桥，是目前世界上最长的跨海大桥，创造了 6 个世界之最，被英国《卫报》誉为"新世界七大奇迹"之一。

②高层建筑。高层建筑已成为现代化城市的一个标志。钢材强度高和钢结构质量轻的特点对高层建筑具有重要意义。强度高则构件截面尺寸小，可提高有效使用面积；质量轻可大大减轻构件、基础和地基所承受的荷载，降低基础工程等的造价。在当今世界上最高的 50 幢建筑中，钢结构和钢筋混凝土混合结构占 80% 以上。1974 年建成的纽约西尔斯大厦，共 110 层，总高度达 443 m，为全钢结构建筑。近年来，我国的高层建筑钢结构如雨后春笋般地拔地而起，1997 年建成的上海金茂大厦，为 88 层，总高度为 420.5 m；同年 8

月在上海浦东开工兴建的上海环球金融中心，为 98 层，总高度为 492 m；2016 年落成的上海中心，为 119 层，总高度达到 632 米，是目前中国第一、世界第六的高耸建筑。这表明完全由我国自己来建造超高层钢结构是可以做到的。

③工业建筑。当工业建筑的跨度和柱距较大，或者设有大吨位吊车，结构需承受大的动力荷载时，往往部分或全部采用钢结构。为了缩短施工工期，尽快发挥投资效益，近年来我国的普通工业建筑也大量采用钢结构。

④轻型结构。称使用荷载较小或跨度不大的结构为轻型结构。自重是这类结构的主要荷载，常采用冷弯薄壁型钢或小型钢制成的轻型钢结构。

⑤高耸结构。如塔架和桅杆等，它们的高度大，构件的横截面尺寸较小，风荷载和地震常常起主要作用，自重对结构的影响较大，因此常采用钢结构。

⑥活动式结构。如水工钢闸门、升船机等，可充分发挥钢结构质量轻的特点，降低启闭设备的造价和运转所耗费的动力。

⑦可拆卸或移动的结构。如施工用的建筑和钢栈桥、流动式展览馆、移动式平台等，可发挥钢结构质量轻、便于运输和安装方便的优点。

⑧容器和大直径管道。如储液（气）罐、输（油、气、原料）管道、水工压力管道等。三峡水利枢纽工程中的发电机组采用的压力钢管内径达 12.4 m。

⑨地震区抗震要求高的结构。

⑩急需早日交付使用的工程。这类工程可发挥钢结构施工工期短和质量轻便于运输的特点。

综上所述，钢结构是在各种工程中广泛应用的一种重要的结构形式。随着我国经济建设的发展和钢产量的提高，钢结构将会发挥日益重要的作用。

二、钢结构的连接方法

钢结构的设计主要包括构件和连接两大项内容，钢结构的连接是指通过一定的方式将钢板或型钢组合成构件，或者将若干个构件组合成整体结构，以保证其共同工作。连接的设计在钢结构设计中非常重要，主要是因为连接的受力比构件复杂，而连接的破坏将直接导致钢结构的破坏，而且一旦破坏，连接的补强也比构件要困难。随着钢结构领域的迅速发展，新的连接形式和连接方法也在不断地涌现[①]。

钢结构是由若干构件组装而成的。连接的作用是通过一定的手段将板材或型钢组装成

---

① 刘智敏. 钢结构设计原理 [M]. 北京：北京交通大学出版社，2019.

构件，或将若干构件组装成整体结构，以保证其共同工作。因此，连接方式及其质量优劣直接影响钢结构的可靠性和经济性。钢结构的连接必须符合安全可靠、传力明确、构造简单、制造方便和节约钢材的原则。连接接头应有足够的强度；要有适于连接施工操作的足够空间。钢结构的连接方法可分为焊缝连接、铆钉连接和螺栓连接三种。

（一）焊缝连接

1. 定义

焊缝连接是现代钢结构最主要的连接方法之一。其优点是：构造简单，任何形式的构件都可直接相连；用料经济，不削弱截面；制作加工方便，可实现自动化操作；连接的密闭性好，结构刚度大。其缺点是：在焊缝附近的热影响区内，钢材的金相组织发生改变，导致局部材质变脆，材质不均匀，应力集中；焊接残余应力和残余变形使受压构件承载力和动力荷载作用下的承载性能降低；焊接结构对裂纹很敏感，局部裂纹一旦发生，就容易扩展到整体，低温冷脆问题和反复荷载作用下的疲劳问题较为突出。

2. 焊接连接的特性及要求

焊缝连接是现代钢结构最主要的连接方法，其是通过电弧产生高温，将构件连接边缘及焊条金属熔化，冷却后凝成一体，形成牢固连接。焊接连接的优点有：构造简单，制造省工；不削弱截面，经济；连接刚度大，密闭性能好；易采用自动化作业，生产效率高。其缺点是：焊缝附近有热影响区，该处材质变脆；在焊件中产生焊接残余应力和残余应变，对结构工作常有不利影响；焊接结构对裂纹很敏感，裂缝易扩展，尤其在低温下易发生脆断。另外，焊缝连接的塑性和韧性较差，施焊时可能会产生缺陷，使结构的疲劳强度降低。

钢结构焊接连接构造设计宜符合下列要求。

（1）尽量减少焊缝的数量和尺寸。

（2）焊缝的布置宜对称于构件截面的形心轴。

（3）节点区留有足够空间，便于焊接操作和焊后检测。

（4）避免焊缝密集和双向、三向相交。

（5）焊缝位置避开高应力区。

（6）根据不同焊接工艺方法合理选用坡口形状和尺寸。

（7）焊缝金属应与主体金属相适应。当不同强度的钢材连接时，可采用与低强度钢材相适应的焊接材料。

（二）铆钉连接

铆钉连接由于构造复杂，费钢费工，现已很少采用。但是铆钉连接的塑性好，韧度高，传力可靠，质量易于检查，在一些重型和直接承受动力荷载的结构中，有时仍然采用。

（三）螺栓连接

螺栓连接先在连接件上钻孔，然后装入预制的螺栓，拧紧螺母即可。螺栓连接安装操作简单，又便于拆卸，故广泛用于结构的安装连接、需经常装拆的结构及临时固定连接中。螺栓又分为普通螺栓和高强螺栓。高强螺栓连接紧密，耐疲劳，承受动载可靠，成本也不太高，目前在一些重要的永久性结构的安装连接中，它已成为替代铆钉连接的优良连接方法。

（四）连接设计的任务

焊缝或螺栓的作用就是可靠地传递被连接构件之间的力，钢构件通过连接焊缝或螺栓共同形成连接体系，进而拼装成为整体结构。连接设计的任务就是首先正确分析整个连接体系的受力状况，进行合理的构造设计；进而得到作为连接枢纽的焊缝或螺栓的内力状态；依此进一步计算确定所需焊缝的尺寸（焊缝的长度和焊脚高度）或所需螺栓的数目及合理布置；确定连接体系所需拼接板尺寸；最后绘制规范的施工图。

三、螺栓连接

（一）普通螺栓连接

1. 形式和排列要求

钢结构中采用的普通螺栓的形式为六角头型，粗牙普通螺纹，代号用字母 M 和公称直径表示，如 M16、M20 等。C 级螺栓采用 II 类孔，其孔径 d_0。比螺栓直径 d 大 1.5~2mm，即 $d_0 = d + (1.5 \sim 2)$ mm。

螺栓在连接中的排列应遵循简单整齐、便于施工的原则，常用的排列方式有两种：并列和错列。并列排布较简单，但是螺栓孔对于被连接件截面削弱较大；错列可减少螺栓孔对截面的削弱，但螺栓孔排列不如并列紧凑，需要的连接板尺寸较大。当采用螺栓连接时，其排列应满足如下要求。

（1）受力要求

构件受拉时，螺栓之间的中距不应太小。在垂直于受力方向：对于受拉构件，各排螺栓的中距及边距不能太小，以免螺栓周围应力集中并相互影响，而且使钢板的截面削弱过多，降低其承载能力。在顺力的作用方向：端距应满足被连接材料的抗挤压及抗剪切等强度条件的要求，以使钢板端部不致被螺栓撕裂，规范规定端距不应小于 $2d_0$。受压构件上的中距也不应过大，以免被连接板件间发生鼓曲现象。

（2）构造要求

螺栓的中距不应过大，否则钢板间贴合不紧密。边距和端距也不应过大，以防止潮气侵入缝隙使钢材锈蚀。

（3）施工要求

要保证有一定的施工空间，便于用扳手拧紧螺帽。根据扳手尺寸和工人的施工经验，规定最小中距为 $3d_0$。

排列螺栓时，应按最小容许距离布置，且应取 5mm 的倍数，并按等距离排布，以缩小连接的尺寸。最大容许距离一般只在起联系作用的构造连接中采用。

角钢、工字钢及槽钢上螺栓的排列除应满足表 5-1 规定的最大、最小容许距离外，还应符合各自的线距和最大孔径 $d_{0\max}$ 的要求。H 形钢腹板上和翼缘螺栓的线距和最大孔径，可分别参照工字钢腹板和角钢的选用。

表 5-1　螺栓的最大、最小容许距离

名称	位置和方向			最大容许距离（取两者中的较小值）	最小容许距离
中间间距	外排（垂直内力方向或顺内力方向）			$8d_0$ 或 $12t$	$3d_0$
	中间排	垂直内力方向		$16d_0$ 或 $24t$	
		顺内力方向	构件受压力	$12d_0$ 或 $18t$	
			构件受拉力	$16d_0$ 或 $24t$	
	沿对角线方向			—	
中心至构件边缘距离	垂直内力方向	剪切或手工气割边		$4d_0$ 或 $8t$	$2d_0$
		轧制边，自动气割或锯割边	高强度螺栓		$1.5d_0$
			其他螺栓		
	顺内力方向				$1.2d_0$

注：（1）d_0 为螺栓孔或铆钉孔直径，t 为外层较薄板件的厚度；

（2）钢板边缘与刚性构件（如角钢、槽钢等）相连的螺栓或铆钉的最大间距，可按中间排的数值采用。

2. 螺栓连接的构造要求

螺栓连接除应满足上述排列的要求外，还应满足下列构造要求。

（1）为了使连接可靠，每一杆件在节点上以及拼接接头的一端，永久性螺栓数不宜少于2个。但根据实践经验，对于组合构件的缀条，其端部连接可采用一个螺栓。

（2）当普通螺栓连接直接承受动力荷载时，应采用双螺帽或其他防止螺帽松动的有效措施。例如采用弹簧垫圈，或将螺帽和螺杆焊死等方法。

（3）由于C级螺栓与孔壁有较大空隙，多应用于沿其杆轴受拉的连接。承受静力荷载结构的次要连接，可拆卸结构的连接和临时固定构件用的安装连接中，也可用C级螺栓受剪。但在重要的连接中，如制动梁或吊车梁上翼缘与柱的连接，由于传递制动梁的水平支承反力，同时受到反复动力荷载作用，不得采用C级螺栓。柱间支撑与柱的连接，以及在柱间支撑处吊车梁下翼缘的连接，承受着反复的水平制动力和卡轨力，应优先采用高强度螺栓。

（4）两个型钢构件采用高强度螺栓拼接时，由于型钢的抗弯刚度较大，不能保证摩擦面紧密贴合，故不能用型钢作为拼接件，而应采用钢板。

（5）高强度螺栓连接范围内，构件接触面的处理方法应在施工图中说明。

（二）高强度螺栓连接

高强度螺栓连接有摩擦型和承压型两种。摩擦型高强度螺栓在抗剪连接中，设计时以剪力达到板间接触面间可能发生的最大摩擦力为极限状态。而承压型在受剪时则允许摩擦力被克服并发生相对滑移，之后外力可继续增加，由栓杆抗剪或孔壁承压的最终破坏为极限状态。在受拉时，两者没有区别。

高强度螺栓的构造和排列要求，除栓杆与孔径的差值较小外，其余与普通螺栓相同。高强度螺栓应采用钻成孔。摩擦型高强螺栓因受力时不产生滑移，其孔径比螺栓公称直径可稍大些，一般采用1.5~2.0mm。承压型高强螺栓则应比摩擦型相应减小0.5mm，一般为1.0~1.5m。

高强度螺栓连接按照传力机理分为摩擦型高强度螺栓连接和承压型高强度螺栓连接两种类型。对于抗剪连接，依靠被夹紧钢板接触面间的摩擦力传力，以板层间出现滑动作为其承载能力的极限状态，这样的连接称为摩擦型高强度螺栓连接。如果板件接触面间的摩擦力被克服，则板层间出现滑动，栓杆与孔壁接触，通过螺栓抗剪和孔壁承压来传力，以孔壁挤压破坏或螺栓受剪破坏作为承载能力的极限状态，这种连接称为承压型高强度螺栓连接，它适于允许产生少量滑移的承受静荷载结构或间接承受动力荷载构件。当允许在某一方向产生较大滑移时，可采用长圆孔；当采用圆孔时，其孔径比螺栓的公称直径大1.0~1.5mm。

摩擦型高强度螺栓抗剪连接的承载力取决于高强度螺栓的预拉力和板件接触面间的摩擦系数（也称抗滑移系数）的大小，实践中为提高承载力除采用强度较高的钢材制造高强度螺栓并经热处理，以提高预拉力外，还常对板件接触面进行处理（如喷砂）以提高摩擦系数。摩擦型连接的优点是改善被连接件的受力条件，由于螺栓本身无疲劳问题，被连接件的疲劳强度可以大幅提高，因此摩擦型高强度螺栓连接耐疲劳性能好，连接变形小，适用于重要的结构和承受动力荷载的结构，以及可能出现反向内力构件的连接，其孔径比螺栓的公称直径大1.5~2.0mm。两种高强度螺栓连接，除了在设计计算方法和孔径方面有所不同外，其他在材料、预拉力、接触面的处理以及施工要求等方面没有差异。

1. 高强度螺栓的材料和性能等级

目前我国常用的高强度螺栓性能等级，按热处理后的强度分为10.9级和8.8级两种。其中整数部分（10和8）表示螺栓成品的抗拉强度f_u不低于$1000N/mm^2$和$800N/mm^2$；小数部分（0.9和0.8）则表示其屈强比f_y/f_u，为0.9和0.8。

10.9级的高强度螺栓材料可用20MnTiB（20锰钛硼）、40B（40硼）和35VB（35钒硼）钢。8.8级的高强度螺栓材料则常用45号钢和35号钢。螺母常用45号钢、35号钢和15MnVB（15锰钒硼）钢。垫圈常用45号钢和35号钢。螺栓、螺母、垫圈制成品均应经过热处理以达到规定的指标要求。

2. 高强度螺栓的预拉力

高强度螺栓的预拉力值应尽可能高些，但需保证螺栓在拧紧过程中不会屈服或断裂，所以控制预拉力是保证连接质量的一个关键性因素。高强度螺栓的设计预拉力值由螺栓的材料强度和有效截面确定，并且考虑了①在拧紧螺栓时扭矩使螺栓产生的剪应力将降低螺栓的承拉能力，故对材料抗拉强度除以系数1.2；②施工时为补偿螺栓松弛所造成的预拉力损失要对螺栓超张拉5%~10%，故需乘以折减系数0.9；③螺栓材质的不定性，也需乘以折减系数0.9；④按抗拉强度f_u而不是按屈服强度f_y，计算预拉力，再引进一个附加安全系数0.9。这样，预拉力设计值的计算公式为：

$$P = \frac{0.9 \times 0.9 \times 0.9 f_u A_e}{1.2} = 0.6075 f_u A_e$$

式中　A_e——螺栓的有效截面面积；

f_u——螺栓材料经热处理后的最低抗拉强度。对于8.8级螺栓，$f_u = 830N/mm^2$；对于10.9级螺栓，$f_u = 1040N/mm^2$。

按上式计算，并取 5kN 的倍数，即得改为相应的预拉力设计值 P（表 5-2）。

表 5-2　高强度螺栓的预拉力设计值 P（kN）

螺栓的性能等级	螺栓公称直径（mm）					
	M16	M20	M22	M24	M27	M30
8.8 级	80	125	150	175	230	280
10.9 级	100	155	190	225	290	355

第三节　钢结构的受力构件与施工设计

一、钢结构的轴心受力构件

（一）轴心受力构件的应用

轴心受力构件是钢结构中经常使用的构件，广泛应用于桁架（包括屋架、桁架式桥梁等）、网架、塔架、悬索结构、平台结构、支撑等结构体系中。这类结构中，当节点可假定为铰接连接，且无节间荷载作用时，则构件只受轴向力的作用，即为轴心受力构件。

（二）轴心受力构件的截面形式

轴心受力构件的截面形式很多，一般分为型钢截面和组合截面两大类。型钢截面如普通工字钢、H 型钢、T 型钢、槽钢、角钢、圆钢管、圆钢、方钢管等，只需要经过少量加工即可作为构件使用，制作工作量小，省时省工。组合截面是由型钢或钢板通过各种连接方式组合而成，根据受力的大小和性质，可设计成各种形状和尺寸，一般分为实腹式组合截面和格构式组合截面两种。实腹式构件一般由型钢或实腹式组合截面组成。格构式构件一般由两个或多个分肢，通过缀材连接组成。实腹式组合截面便于制造和连接，而格构式组合截面由于材料集中于分肢，在用料相同的情况下比实腹式截面的惯性矩大，可提高构件的刚度、节约用钢，但制作和连接复杂费工。

选择构件截面形式时，应力求充分发挥钢材的力学性能，并考虑制造省工、连接方便等因素，以取得合理、经济的效果。

二、钢结构的安装施工与维修

（一）施工安装前的准备工作

（1）检查安装支座及预埋件，取得经总包确认合格的验收资料。

（2）编制钢结构安装施工组织设计，经审批后向队组交底。钢结构的安装程序必须确保结构的稳定性和不导致永久性的变形。

（3）安装前，应注意以下几点：①构件在运输和安装中应防止涂层损坏；②钢结构需进行强度试验时，应按设计要求和有关标准规定进行。

（4）了解已选定的起重、运输及其他辅助机械设备的性能及使用要求。

（5）钢结构安装前根据土建专业工序交接单及施工图纸对基础的定位轴线、柱基础的标高、杯口几何尺寸等项目进行复测与放线，确定安装基准，做好测量记录。经复测符合设计及规范要求后方可吊装。

（6）施工单位对进场构件的编号、外形尺寸、连接螺栓孔位置及直径等必须认真按照图纸要求进行全面复核，经复核符合设计图纸和规范要求后方可吊装。

（二）基础类型与施工

1. 钢柱安装

（1）柱脚节点构造

①外露式铰接柱脚节点构造

第一，柱翼缘与底板间采用全焊透坡口对接焊缝连接，柱腹板及加劲板与底板间采用双面角焊缝连接①。

第二，铰接柱脚的锚栓直径应根据钢柱板件厚度和底板厚度相协调的原则确定，一般取 24~42mm，且不应小于 24mm。锚栓的数目常采用 2 个或 4 个，同时应与钢柱截面尺寸以及安装要求相协调。刚架跨度小于或等于 18m 时，采用 2M24；刚架跨度小于或等于 27m 时，采用 4M24；刚架跨度小于或等于 30m 时，采用 4M30。锚栓安装时应采用具有足够刚度的固定架定位。柱脚锚栓均用双螺母或其他能防止螺帽松动的有效措施。②

第三，柱脚底板上的锚栓孔径宜取锚栓直径加 20mm，锚栓螺母下的垫板孔径取锚栓

① 刘洋. 钢结构 [M]. 北京：北京理工大学出版社，2018：44~45.
② 朱锋，黄珍珍，张建新. 钢结构制造与安装 [M]. 3 版. 北京：北京理工大学出版社，2019：36~37.

直径加2mm，垫板厚度一般为（0.4~0.5）d（d为锚栓外径），但不应小于20mm，垫板边长取3（d+2）。

②外露式刚接柱脚节点构造

第一，外露式刚接柱脚，一般均应设置加劲肋，以加强柱脚刚度。

第二，柱翼缘与底板间采用全焊透坡口对接焊缝连接，柱腹板及加劲板与底板间采用双面角焊缝连接。角焊缝焊脚尺寸不小于$1.5\sqrt{t_{min}}$，不宜大于$1.2t_{max}$，且不宜大于16mm；（t_{min}和t_{max}分别为较薄和较厚板件厚度）。

第三，刚接柱脚锚栓承受拉力和作为安装固定之用，一般采用Q235钢制作。锚栓的直径不宜小于24mm。底板的锚栓孔径不小于锚栓直径加20mm；锚栓垫板的锚栓孔径取锚栓直径加2mm。

锚栓螺母下垫板的厚度一般为（0.4~0.5）d，但不宜小于20mm，垫板边长取3（d+2）。锚栓应采用双螺母紧固。为使锚栓能准确锚固于设计位置，应采用具有足够刚度的固定架。

③插入式刚接柱脚节点构造

对于非抗震设计，插入式柱脚埋深$d_c \geq 1.5hb$，且$d_c \approx 500mm$，不应小于吊装时钢柱长度的1/20；对于抗震设计，插入式柱脚埋深$d_c \geq 2hb$，同时应满足下式要求：

$$d_c \geq \sqrt{2M/b_c f_c}$$

其中，M为柱底弯矩设计值；b_c为翼缘宽度；f_c为混凝土轴心抗压强度设计值。

（2）钢柱吊装

①钢柱安装有旋转吊装法和滑行吊装法两种方法。单层轻钢结构钢柱应采用旋转吊装法。

第一，采用旋转法吊装柱时，柱脚宜靠近基础，柱的绑扎点、柱脚中心与基础中心三者应位于起重机的同一起重半径的圆弧上。起吊时，起重臂边升钩、边回转，柱顶随起重钩的运动，也边升起、边回转，将柱吊起插入基础。

第二，采用滑行法吊装柱时，起重臂不动，仅起重钩上升，柱顶也随之上升，而柱脚则沿地面滑向基础，直至将柱提离地面，将柱子插入杯口。

②吊升时，宜在柱脚底部拴好拉绳并垫以垫木，防止钢柱起吊时，柱脚拖地和碰坏地脚螺栓。

③钢柱对位时，一定要使柱子中心线对准基础顶面安装中心线，并使地脚螺栓对孔，注意钢柱垂直度，在基本达到要求后，方可落下就位。通常，钢柱吊离杯底30~50mm。

④对位完成后，可用8只木楔或钢楔打紧帮或拧上四角地脚螺栓临时固定。钢柱垂直

度偏差应控制在 20mm 以内。重型柱或细长柱除采用楔块临时固定外，必要时增设缆风绳拉锚。

（3）钢柱固定

①临时固定

柱子插入杯口就位并初步校正后，即用钢楔或硬木楔临时固定。当柱子插入杯口使柱身中心线对准杯口或杯底中心线后刹车，用撬杠拨正，在柱子与杯口壁之间的四周空隙，每边塞入两块钢楔或硬木楔，再将柱子落到杯底并复查对线，接着同时打紧两侧的楔子，起重机即可松绳脱钩进行下一根柱的吊装。

对重型或高在 10m 以上细长钢柱及杯口较浅的钢柱，如果遇刮风天气，应在大面两侧加缆风绳或支撑来临时固定。

②钢柱最后固定

钢柱校正后，应立即进行固定，同时还需满足以下规定：[①]

第一，钢柱校正后应立即灌浆固定。若当日校正的柱子未灌浆，次日应复核后再灌浆，以防因刮风导致楔子松动变形和千斤顶回油等而产生新的偏差。

第二，灌浆（灌缝）时应将杯口间隙内的木屑等建筑垃圾清除干净，并用水充分湿润，使其能良好结合。

第三，当柱脚底面不平（凹凸或倾斜）或与杯底间有较大间隙时，应先灌一层同强度等级的稀砂浆，充满后再灌细石混凝土。

第四，无垫板钢柱固定时，应在钢柱与杯口的间隙内灌比柱混凝土强度等级高一级的细碎石混凝土。先清理并湿润杯口，分两次灌浆，第一次灌至楔子底面，待混凝土强度等级达到25%后，将楔子拔出，再二次灌到与杯口齐平。

第五，第二次灌浆前须复查柱子垂直度，超出允许误差时应采取措施重新校正并纠正。

第六，有垫板安装柱（包括钢柱杯口插入式柱脚）的二次灌浆方法，通常采用赶浆法或压浆法。

第七，捣固混凝土时，应严防碰动楔子而造成柱子倾斜。

第八，采用缆风绳校正的柱子，待二次所灌混凝土强度达到70%，方可拆除缆风绳。

2. 钢吊车梁安装

钢吊车梁一般绑扎两点。梁上设有预埋吊环的吊车梁，可用带钢钩的吊索直接钩住吊

① 朱锋，黄珍珍，张建新. 钢结构制造与安装 [M]. 3 版. 北京：北京理工大学出版社，2019.

环起吊；自重较大的梁，应用卡环与吊环、吊索相互连接在一起；梁上未设吊环的可在梁端靠近支点，用轻便吊索配合卡环绕吊车梁（或梁）下部左右对称绑扎，或用工具式吊耳吊装。同时，应注意以下几点。

（1）绑扎时吊索应等长，左右绑扎点对称。

（2）梁棱角边缘应衬以麻袋片、汽车废轮胎块、半边钢管或短方木护角。

（3）在梁一端拴好溜绳（拉绳），以防就位时左右摆动，碰撞柱子。

梁的定位校正如下：

（1）高低方向校正主要是对梁的端部标高进行校正。可用起重机吊空、特殊工具抬空、油压千斤顶顶空，然后在梁底填设垫块。

（2）水平方向移动校正常用撬棒、钢楔、花篮螺栓、链条葫芦和油压千斤顶进行。一般重型行车梁用油压千斤顶和链条葫芦解决水平方向移动较为方便。

（3）校正应在梁全部安完、屋面构件校正并最后固定后进行。重量较大的吊车梁，也可边安边校正。校正内容包括中心线（位移）、轴线间距（跨距）、标高垂直度等。纵向位移在就位时已校正，故校正主要为横向位移。

吊车梁校正完毕，应立即将吊车梁与柱间支撑上的埋设件焊接固定，在梁柱接头处支侧模，浇筑细石混凝土并养护。

3. 钢结构工程安装方案

吊装顺序是先吊装竖向构件，后吊装平面构件。竖向构件吊装顺序为柱—连系梁—柱间支撑—吊车梁托架等。单种构件吊装流水作业，既保证体系纵列形成排架，稳定性好，又能提高生产效率；平面构件吊装顺序主要以形成空间结构稳定体系为原则，安装顺序为第一榀钢屋架—第二榀钢屋架—屋架间上下水平支撑、垂直支撑—屋面板—第一幅钢天窗架—第三榀钢屋架—屋盖支撑—屋面板，依次循环。

以塔式起重机跨外分件吊装法（吊装一个楼层的顺序）为例，划分为四个吊装段进行。起重机先吊装第一吊装段的第一层柱 1~14，再吊装梁 15~33，形成框架；吊装第二吊装段的柱、梁；吊装第一、二段楼板；吊装第三、四段楼板，顺序同前。第一施工层全部吊装完成后，接着进行上层吊装。

（三）各系统使用与维修

1. 主体结构使用与维修要求

钢结构建筑的《建筑使用说明书》中需标明主体结构设计的使用年限、结构体系、承重结构位置、使用荷载和装修荷载等。钢结构建筑的物业服务企业应根据《建筑使用说明书》在《检查与维护更新计划》中制定出主体结构的检查与维护制度，其主要范围包括主体结构损伤、建筑渗水、钢结构锈蚀、钢结构防火保护损坏等会对主体结构安全性和耐久性产生影响的因素。钢结构建筑的业主或使用者，不应改变原设计文件规定的建筑使用条件、使用性质及使用环境。在钢结构建筑的室内装饰装修和使用中，不能损伤主体结构。

钢结构建筑室内装饰装修和使用时出现下列中的一种情况，都应由原设计单位或具备有关资质的设计单位提出设计方案，并且根据设计方案中的技术要求来实现施工和验收。具体情况为，超过设计文件规定的楼面装修荷载或使用荷载；改变或损坏钢结构防火、防腐蚀的相关保护及构造措施；改变或损坏建筑节能保温、外墙及屋面防水相关构造措施。

装饰装修施工改动卫生间、厨房、阳台防水层的，应当依据现行相关防水标准制定设计、施工技术方案，并进行闭水试验。必要时，钢结构建筑的物业服务企业应将可能影响主体结构安全性和耐久性的有关事项提请业主委员会并交房屋质量检测机构评估，制定维护技术及施工方案，经具备资质的设计单位确认后实施。

2. 围护系统使用与维修

钢结构建筑的《建筑使用说明书》中围护系统的部分，主要包括以下内容，围护系统基层墙体和连接件的使用及维护年限；围护系统外饰面、防水层、保温以及密封材料的使用及维护年限；墙体可进行室内吊挂的部位、方法及吊挂力；日常与定期的检查与维护要求。

物业服务企业应依据《建筑使用说明书》，在《检查与维护更新计划》中制定出围护系统的检查与维护制度，其主要范围包括围护部品外观、连接件锈蚀、墙屋面裂缝及渗水、保温层破坏、密封材料的完好性等，并形成检查记录。

当发生地震、火灾等自然灾害时，灾后应检查围护系统，并根据破损程度加以维修。业主与物业服务企业应依据《建筑质量保证书》和《建筑使用说明书》中所用围护部品及配件的设计使用年限资料，对临近或已超过使用年限的实行安全评估。

3. 设备与管线使用维修要求

钢结构建筑的《建筑使用说明书》应包含设备与管线的系统组成、特性规格、部品寿命、维护要求、使用说明等；物业服务企业应在《检查与维护更新计划》中制定设备与管线的检查与维护制度，以此来保证设备与管线系统的安全使用。钢结构建筑公共部位及其公共设施设备与管线的维护重点包括水泵房、消防泵房、电机房、电梯、电梯机房、中控室、锅炉房、管道设备间、配电间（室）等，应依据《检查与维护更新计划》定期巡检和维护。业主或使用者自行装修的管线敷设不应损害主体结构、围护系统。设备与管线发生漏水、漏电等问题时，应及时维修或更换。

钢结构建筑的电梯维护，应依据国家相关的电梯安全管理规范、电梯维护保养规范等的要求，由取得国家质量技术监督检验检疫总局核发的特种设备安装改造维修许可证的维保单位进行，维保人员应具备相应的专业技能并经考核合格持证作业，并保留维护保养记录。

钢结构建筑消防设施的维护，应按我国现行国家标准《建筑消防设施的维护管理》（GB 25201）的有关规定执行；消防控制室的管理，还应满足国家、行业和地方的有关规定。钢结构建筑防雷装置的维护，应依据我国现行国家标准《建筑物电子信息系统防雷技术规范》（GB 50343）的有关规定执行，由专人负责管理。钢结构建筑智能化系统的维护，应按我国现行的规定，物业服务企业应制定智能化系统的管理和维护方案。

4. 内装使用与维修要求

钢结构建筑的《建筑使用说明书》应包含内装做法、部品寿命、维护要求、使用说明等。物业服务企业应在《检查与维护更新计划》中规定对内装的检查与维护制度，并遵照执行。钢结构建筑的内装工程项目质量保修期限应不低于两年，易损易耗构件不低于市场一般使用时限。钢结构建筑的内装工程项目应建立易损部品构件备用库，保证项目运营维护的有效性及时效性。业主或使用者要对房屋进行装饰装修房屋的，应提前告知物业服务企业。物业服务企业应向业主或使用者说明房屋装饰装修中的禁止行为和注意事项，并对装饰装修过程进行监督。钢结构建筑内装维护和更新时所采用的部品和材料。应符合《建筑使用说明书》中相应的要求。

5. 其他

在进行装修改造时应注意以下几点。

（1）不应破坏主体结构和连接节点。

（2）不应破坏钢结构表面防火层和防腐层。

（3）不应破坏外围护系统。

三、钢结构工程施工的质量控制

（一）施工质量控制概述

我国国家标准 GB/T 19000—2000 对质量控制的定义是："质量控制是管理的一部分，

致力于满足质量要求。"质量控制的目标就是确保产品的质量能满足顾客、法律、法规等方面所提出的质量要求（如适用性、可靠性、安全性）。质量控制的范围涉及产品质量形成全过程的各个环节，如设计过程、采购过程、生产过程、安装过程等。对施工项目而言，质量控制就是为了确保合同、规范所规定的质量标准，所采取的一系列检测、监控措施、手段和方法。[①] 施工项目质量控制的主要对策措施如下。

（1）以人的工作质量确保工程质量。对工程质量的控制始终应"以人为本"，狠抓人的工作质量，避免人的失误；充分调动人的积极性，发挥人的主导作用，增强人的质量观和责任感，使每个人牢牢树立"百年大计，质量第一"的思想，认真负责地搞好本职工作，以优秀的工作质量来创造优质的工程质量。

（2）严格控制投入品的质量。严格控制投入品的质量，是确保工程质量的前提。对投入品的订货、采购、检查、验收、取样、试验均应进行全面控制，从组织货源，优选供货厂家，直到使用认证，做到层层把关。

（3）全面控制施工过程，重点控制工序质量。对每一道工序质量都必须进行严格检查，当上一道工序质量不符合要求时，决不允许进入下一道工序施工。这样，只要每一道工序质量都符合要求，整个工程项目的质量就能得到保证。

（4）严把分项工程质量检验评定关。分项工程质量等级评定正确与否，直接影响分部工程和单位工程质量等级评定的真实性和可靠性。在进行分项工程质量检验评定时，一定要坚持质量标准，严格检查，一切用数据说话，避免出现第一、第二判断错误。

（5）贯彻"以预防为主"的方针。"以预防为主"，防患于未然，把质量问题消灭于萌芽之中，这是现代化管理的观念。

（6）严防系统性因素的质量变异。系统性因素的特点是易于识别、易于消除，是可以避免的，只要我们增强质量观念，提高工作质量，精心施工，完全可以预防系统性因素引起的质量变异。

（二）施工准备阶段的质量控制

1. 技术文件和资料准备的质量控制

（1）施工项目所在地的自然条件及技术经济条件调查资料。对施工项目所在地的自然条件和技术经济条件的调查，是为选择施工技术与组织方案收集基础资料，并以此作为施工准备工作的依据。

---

① 赵广民，李春花，彭秀花. 浅析工程施工质量控制措施 [M]. 长春：东北水利水电，2009.

（2）施工组织设计。指导施工准备和组织施工的全面性技术经济文件。选定施工方案后，制定施工进度时，必须考虑施工顺序，施工流向，主要分部、分项工程的施工方法，特殊项目的施工方法和技术措施能否保证工程质量。

（3）国家及政府有关部门颁布的有关质量管理方面的法律、法规性文件及质量验收标准。

（4）工程测量控制资料。施工现场的原始基准点、基准线，参考标高及施工控制网等数据资料，是施工之前进行质量控制的一项基础工作，这些数据资料是进行工程测量控制的重要内容。

（5）场地布置设计，规划车间高度。为满足预制构件使用条件、运输方便、统一归类以及不影响预制构件生产的连续性等要求，场地的平整及预制构件场地布置规划尤为重要。生产车间高度应充分考虑生产预制构件高度、模具高度及起吊设备升限、构件重量等因素，应避免预制构件生产过程中发生设备超载、构件超高不能正常吊运等问题。

2. 设计交底和图纸审核的质量控制

设计图纸是进行质量控制的重要依据。为使施工单位熟悉有关的设计图纸，充分了解拟建项目的特点，设计意图和工艺与质量要求，减少图纸的差错，消灭图纸中的质量隐患，要做好设计交底和图纸审核工作[①]。

（1）设计交底

工程施工前，由设计单位向施工单位有关人员进行设计交底。

主要内容：地形、地貌、水文气象、工程地质及水文地质等自然条件；

施工图设计依据：初步设计文件，规划、环境等要求，设计规范；

设计意图：设计思想，设计方案比较、基础处理方案、结构设计意图、设备安装和调试要求，施工进度安排等；

施工注意事项：对基础处理的要求，对建筑材料的要求，采用新结构、新工艺的要求，施工组织和技术保证措施等[②]。

（2）图纸审核

图纸审核是设计单位和施工单位进行质量控制的重要手段，也是使施工单位通过审查熟悉设计图纸，了解设计意图和关键部位的工程质量要求，发现和减少设计差错，保证工

---

① 王文睿，王洪镇，焦保平，曹万智，张乐荣，邵建梁，黄金枝，屈文俊. 建设工程项目管理 [M]. 北京：中国建筑工业出版社，2014.

② 解清杰，高永，郝桂珍. 环境工程项目管理 [M]. 北京：化学工业出版社，2011.

程质量的重要方法①。对于装配工程，装配式混凝土建筑工程的设计单位以及施工图审查单位是工程质量责任主体，均应当建立健全质量保证体系，落实工程质量终身责任，依法对工程质量负责。设计单位应当完成装配式混凝土建筑的结构构件拆分及节点连接设计；负责构配件拆分及节点连接设计的设计单位完成工作后应经原设计单位审核；预制构配件生产企业应当会同施工单位根据施工图设计文件进行构件制作详图的深化设计，并经原设计单位审核认定。

（三）施工过程的质量控制

1. 测量控制

（1）对于给定的原始基准点、基准线和参考标高等的测量控制点应做好复核工作，经审核批准后，才能据此进行准确的测量放线。

（2）施工测量控制网的复测。在复测施工测量控制网时，应抽检建筑方格网，控制高程的水准网点以及标桩埋设位置等。

（3）民用建筑的测量复核。建筑定位测量复核、基础施工测量复核、皮数杆检测、楼层轴线检测、楼层间高层传递检测。

（4）工业建筑的测量复核。工业厂房控制网测量、柱基施工测量、柱子安装测量、吊车梁安装测量、设备基础与预埋螺栓检测、高层建筑测量复核。

2. 材料控制

（1）对供货方质量保证能力进行评定

对供货方质量保证能力评定原则包括：

①材料供应的表现状况，如材料质量、交货期等；

②供货方质量管理体系对于按要求如期提供产品的保证能力；

③供货方的顾客满意程度；

④供货方交付材料之后的服务和支持能力；

⑤其他如价格、履约能力等。

（2）建立材料管理制度，减少材料损失、变质

对材料的采购、加工、运输/储存建立管理制度，可加快材料的周转，减少材料占用量，避免材料损失、变质，按质、按量'按期满足工程项目的需要。

（3）对原材料、半成品、构配件进行标识

---

① 江苏省建设教育协会. 施工员专业基础知识 土建施工［M］. 北京：中国建筑工业出版社，2016.

①进入施工现场的原材料、半成品、构配件要按型号、品种分区堆放，予以标识。

②对有防湿、防潮要求的材料，要有防雨防潮措施，并有标识。

③对容易损坏的材料、设备，要做好防护。

④对有保质期要求的材料，要定期检查，以防过期，并做好标识。

（4）优质原料筛选，关键材料复验

只有优质的原材料才能制作出符合技术要求的优质混凝土构件。预制混凝土构件时，尽量选用普通硅酸盐水泥。选用水泥的标号应与要求配制的构件的混凝土强度适应。通常，配制混凝土时，水泥强度为混凝土强度的 1.5~2.0 倍。细集料应采用级配良好、质地坚硬、颗粒洁净、粒径小于 5mm、含泥量 3% 的砂。进场后的砂应进行检验验收，不合格的砂严禁入场。粗集料要求石质坚硬、抗滑、耐磨、清洁和符合规范的级配。

（5）加强材料检查验收

用于工程的主要材料，进场时应有出厂合格证和材质化验单；凡标识不清或认为质量有问题的材料，需要进行追踪检验，以确保质量；凡未经检验和已经验证为不合格的原材料、半成品、构配件和工程设备不能投入使用。

（6）发包人提供的原材料、半成品、构配件和设备

发包人所提供的原材料、半成品、构配件和设备用于工程时，项目组织应对其做出专门的标识，接受时进行验证，储存或使用时给予保护和维护，并得到正确的使用。上述材料经验证不合格，不得用于工程。发包人有责任提供合格的原材料。

（7）材料质量抽样和检验方法

材料质量抽样应按规定的部位、数量及采选的操作要求进行。材料质量的检验项目分为一般试验项目和其他试验项目，一般试验项目即通常进行的试验项目，其他试验项目是根据需要而进行的试验项目。材料质量检验方法有书面检验、外观检验、理化检验和无损检验等。

3. 计量控制

施工中的计量工作，包括施工生产时的投料计量，施工生产过程中的监测计量和对项目、产品或过程的测试、检验、分析计量等。

计量工作的主要任务是统一计量单位制度，组织量值传递，保证量值的统一。这些工作有利于控制施工生产工艺过程，促进施工生产技术的发展，提高工程项目的质量。因此，计量是保证工程项目质量的重要手段和方法，亦是施工项目开展质量管理的一项重要基础工作。

4. 变更控制

工程项目任何形式上的、质量上的、数量上的变动，都称为工程变更，它既包括了工程具体项目的某种形式上的、质量上的、数量上的改动，也包括了合同文件内容的某种改动。

工程变更的范围：设计变更、工程量变动、施工时间变更、施工合同文件变更。工程变更可能导致项目工期、成本或质量的改变。因此，必须对工程变更进行严格的管理和控制。

5. 成品保护

在工程项目施工中，某些部位已完成，而其他部位还正在施工，如果对已完成部位或成品，不采取妥善的措施加以保护，就会造成损伤，影响工程质量。因此，会造成人、财、物的浪费和拖延工期；更为严重的是有些损伤难以恢复原状，而成为永久性的缺陷。

加强成品保护，要从两个方面着手，首先应加强教育，提高全体员工的成品保护意识。其次要合理安排施工顺序，采取有效的保护措施。

6. 构件质量控制

混凝土预制构件的生产技术和工艺一直是专家和学者研究的重点，随着预制构件企业的不断发展，混凝土配比技术、脱模剂的出现对改善预制构件的生产工艺起到积极的推动作用。

产品质量问题影响企业的生产效率和效益，对企业的长远发展会造成不利的影响，因此找出影响产品质量问题的原因，提出改善措施，是企业关注的重点，也是需要继续研究的内容。

（1）对现有操作进行简化和标准化处理，并引入防错装置，减少人为判断对实际生产的影响，更多地通过装置和标准来判断和进行相应的操作。

（2）建立布料标准作业指导书，生产员工依据标准设定布料速度，避免生产员工变动对布料工艺的影响，避免布料过快产生气泡，造成构件表面蜂窝、麻面；提升老员工带新员工入岗的效率。

（3）建议生产员工进行轮岗，以布料10块预制构件为一个周期进行人员的轮换。在布料过程中，员工操控布料设备，需要保持注意力，一旦操控不精确，就会导致混凝土溢出模具，造成混凝土的浪费。

（四）竣工验收阶段的质量控制

1. 最终质量检验和试验

单位工程质量验收也称质量竣工验收，是建筑工程投入使用前的最后一次验收，也是最重要的一次验收。涉及安全和使用功能的分部工程应进行检验资料的复查。不仅要全面检查其完整性（不得有漏检缺项），而且对分部工程验收时补充进行的见证抽样检验报告也要复核。这种强化验收的手段体现了对安全和主要使用功能的重视。

在分项、分部工程验收合格的基础上，竣工验收时再做全面检查。抽查项目是在检查资料文件的基础上由参加验收的各方人员商定，并用计量、计数的抽样方法确定检查部位。检查要求按有关专业工程施工质量验收标准的要求进行。还须由参加验收的各方人员共同进行观感质量检查。观感质量验收，往往难以定量，只能以观察、触摸或简单量测的方式进行，并由个人的主观意向判断，检查结果并不给出"合格"或"不合格"的结论，而是综合给出质量评价，最终确定是否通过验收。

单位工程技术负责人应按编制竣工资料的要求收集和整理原材料、构件、零配件和设备的质量合格证明材料，验收材料，各种材料的试验检验资料，隐蔽工程、分项工程和竣工工程验收记录，其他的施工记录等[1]。

2. 竣工文件的编制

（1）项目可行性研究报告，项目立项批准书，土地、规划批准文件，设计任务书，初步（或扩大初步）设计，工程概算等[2]。

（2）竣工资料整理，绘制竣工图，编制竣工决算。

（3）竣工验收报告、建设项目总说明、技术档案建立情况、建设情况、效益情况、存在和遗留问题等。

（4）竣工验收报告书的主要附件。竣工项目概况一览表、已完单位工程一览表、已完设备一览表、应完未完设备一览表、竣工项目财务决算综合表、概算调整与执行情况一览表、交付使用（生产）单位财产总表及交付使用（生产）财产一览表、单位工程质量汇总项目（工程）总体质量评价表，工程项目移交前施工单位要编制竣工结算书，还应将成套工程技术资料进行分类整理，编目建档[3]。

---

① 徐蓉. 建筑工程经济与企业管理 [M]. 北京：化学工业出版社，2012：58～59.

② 张豫，何奕霏，袁中友，刘艳，边艳. 建设工程项目管理 [M]. 北京：中国轻工业出版社，2018：44～45.

③ 关罡，孙钢柱，陈捷. 建设行业项目经理继续教育教材 [M]. 郑州：黄河水利出版社，2007：21～22.

第六章 建筑结构发展与艺术赏析

跨入 20 世纪以来，人们不能不庆幸钢与钢筋混凝土在建筑中得到广泛的应用。近二十年，我国的高层及大跨度建筑迅猛发展，无数百米以上的高楼大厦和近百米跨度的大型建筑屹立而起。其共同特点是：尽管功能要求各异，但整个建筑体形与结构造型融合为一，做到建筑形体规整、造型宏伟壮观、布局紧凑大方、功能划分得当；结构井然有序、施工技术先进、受力明确合理、总体造价低廉。所有这些成就，已经与正在显示出我国建筑师及建筑工作者创造自己空间环境与现代城市风貌的优越技术和才能。

每当建筑结构与建筑艺术和谐统一的建筑作品呈现在人们面前时，总会给人以美的享受，使人倍感亲切，激动不已，这正是建筑艺术魅力之所在。所以，在现代建筑设计中，对于建筑结构与建筑艺术的统一关系，不仅应该有清醒的认识，而且在实践上更要给予足够的重视。

第一节 中国传统建筑结构及其艺术赏析

一、中国古代建筑的基本特点

中国古代建筑在其漫长的发展过程中逐渐形成若干与其他建筑体系明显不同的基本特点。其始于商、周，延续至清末，历时约三千年之久。其间有发展也有停滞，有高峰也有低谷，建筑风格的演变更是多种多样，但有些基本特点始终存在并不断发展和完善，这些基本特点大体可归纳为以下几方面。

（一）木结构为主要结构方式

建筑因其材料产生其结构，又因结构形成形式上的特征。当世界其他体系建筑开始用石料代替原始的木料时，中国始终以木材作为主要建筑材料，所以其形式一直为木造结构之直接表现。中国工匠长期重视传统经验，又忠于材料之应用，故中国木结构因历代之演变，乃形成遵古之艺术。同时，匠人对其他材料尤其是石料相对而言缺乏了解，虽也不乏用石之哲匠，如隋安济桥建筑者李春，但通常石匠用石方法模仿木质结构，凿石为卯榫，使石建筑发展受到局限。

结构，由承重构件组成的体系，用以支承作用在建筑物上的各种荷载。

中国工匠创造了与这种木结构相适应的各种平面和外观，有抬梁式、穿斗式、井干式三种结构方式。抬梁式是最常用的，以间为单位，在四根垂直的木柱上，用两横梁、两横枋（左右称梁，前后称枋）筑成一基本间架。再在梁上筑起层叠的梁架，以支撑横枋，清代称其为脊枋、上金枋、檐枋等。在横枋上钉椽，有时上垫板，以承瓦板，这是抬梁式最简单的要素。抬梁式之所以成为使用范围最广的建筑形式，主要是因为其具有以下几个优点。

第一是承重与围护结构分工明确。

这一点和今天的框架结构有相似之处，这给予了建筑物极大的灵活性。抬梁式结构使得建筑物可以装上门窗成房屋，也可以做成四面通风的凉亭，还可以做成密封的仓库。可以把结构构件预先制作，或易地重建。

第二是便于适应不同气候。只要在房屋高度、墙壁材料、门窗大小上加以变化，就可以广泛适应各种气候条件的地区。

第三是其柔韧性能够减少地震的危险。由于木材的特性、构架节点上使用的斗拱和卯榫的伸缩性，这种结构在一定程度上可以减少地震造成的危害性。

第四是材料供应方便。虽然木材在防火、防腐耐用方面有严重的缺点，但中国古代大多数地区，木材是最易找到的材料。

穿斗式结构是沿着房屋进深方向立柱（其柱间距较小，而且与抬梁式柱相比，柱可以小一些），再用檩直接贯通各柱，使柱直接承受檩的重量。这种形式在汉朝已经相当成熟，在今天的南方诸省，如四川农村，还在普遍使用，也有与抬梁式混合使用的。

井干式结构是用天然圆木或其他形式木料，层层累叠，构成房屋壁体。周汉的陵墓曾长期使用这种结构，汉初宫苑也有井干楼，不过是把它建于干拦式木架上。

（二）房屋木构架的形式

中国古代建筑的主要特点之一是房屋多为木构架建筑。这种房屋以木构架为房屋骨架，承屋顶或楼层之重；墙壁是围护结构，只承自重。室内可以不设隔墙，外墙上可以任意开门窗，甚至可建不设墙壁的敞厅。古代木构架的主要形式有以下三种。

（1）抬梁式。在房屋前后檐相对的柱子间架横向的大梁，大梁上重叠几道依次缩短的小梁，梁下加瓜柱或驼峰，把小梁抬至所需高度，形成三角形屋架；在相邻两道屋架之间，于各层梁的外端架槫，上下槫之间架椽，形成屋面呈下凹弧面的两坡屋顶骨架。每两道屋架间的室内空间称"间"，是组成木构架房屋的基本单位。

（2）穿斗式。与抬梁式在柱上架梁和梁端架檩不同，穿斗式把沿海间进深方向上各柱随屋顶坡度升高，自接承檩，另用一组称为"穿"的木枋穿过各柱，使之连结为一体，成为一道屋架；各屋架之间又用木枋联系，构成两坡屋顶骨架。槫上架椽，与抬梁式相同。

（3）密梁平顶式。用纵向柱列承檩，檩间架水平方向的椽，构成平屋顶。此处的檩实际是主梁。

前两种是用于坡屋顶房屋的构架，其中以抬梁式使用最为广泛，历代官式建筑均是此式，华中、华北、西北、东北也都用此式来建屋；穿斗式流行于华东、华南、西南，但这些地区的寺观及重要建筑仍多采用抬梁式；密梁平顶式流行于新疆、西藏、内蒙古。

（三）建筑造型与空间完整

（1）三段式。木构房屋需防潮和防雨，故需要高出地面的台基和出檐较大的屋顶，因此在外观上明显分为台基、屋身、屋顶三部分。

（2）屋面凹曲、屋角上翘的屋顶。抬梁式房屋的屋面在汉代还是平直的，自南北朝以来开始出现用调节每层小梁下瓜柱或驼峰高度的方法，形成下凹的弧面屋面，使檐口处坡度变平缓，以利采光和排水。中国古代建筑的屋顶除两坡外，重要建筑的屋顶还有攒尖（方锥）、庑殿（四坡）和歇山（庑殿与两坡的结合）等形式，后三种形式在相邻两面坡顶相交处形成。在汉代，椽子和角梁下取平，故屋檐平直，但构造上有缺陷。至南北朝时，开始出现使椽上皮略低于角梁上皮的做法，抬起诸椽，下用三角形木垫托，于是出现了屋角起翘的形式。至唐成为通用做法，后世更设法加大翘起的程度，遂成为中国古代重要建筑屋顶外观上又一显著特征，称为"翼角"。

（3）斗拱的应用。西周初，在较大的木构架建筑中，已在柱头承梁，檩处垫木块，以增大接触面；又从檐柱柱身向外挑出悬臂梁，梁端用木块，木枋垫高，以承挑出较多的屋檐，保证台基和构架下部不受雨淋。这些垫块，木枋、悬臂梁经过艺术加工，成为中国古代建筑中最特殊的部分——"斗"和"栱"的雏形，其组合体合称"斗拱"。到唐、宋时，斗拱发展至高峰，从简单的垫托和挑檐构件，发展为与横向的梁和纵向的柱头枋穿插交织、位于柱网之上的一圈井字格形复合梁。其除向外挑檐、向内承室内天花板外，更主要的功能是保持柱网稳定，作用近似于现代建筑中的圈梁，是大型重要建筑结构上不可缺少的部分。元、明、清时，柱头之间使用了大小额枋和随梁枋等，使柱网本身的整体性加强，斗拱不再起结构作用，逐渐缩小为显示等级的装饰物和垫层。斗拱在中国古代木构架中使用了两千多年，从简单的垫托到起着重要作用，再到成为结构上的装饰，标志着木构架从简单到复杂再到简单的进步过程。由于斗拱的时代特征显著，有助于对古代建筑断代，近年来颇受建筑史学家所重视并对其进行了深入的研究。

（4）以间为单位，采用模数制的设计方法。中国古代建筑中两道屋架之间的空间称一"间"，是房屋的基本计算单位。每间房屋的面宽、进深和所需构件的断面尺寸，到南北朝后期已有一套模数制的设计方法，到宋代发展得更为完善，并记录在公元 1103 年编定的建筑法规《营造法式》中。这种设计方法是把建筑所用标准木材称"材"，材分若干等（宋式为八等），以材高的 1/15 为"分"，材高是模数，分是分模数。然后规定某种性质（如宫殿、衙署、厅堂等），规模（三、五、七、九间，单檐，重檐）的建筑大体要用哪一等材，同时规定建筑物的面阔和构件断面应为若干分，并留有一定伸缩余地（这部分数字应是多年经验积累所得。从现有实物看，所定断面尺寸都有一定安全度）。建屋时，只要确定了性质、间数，按所规定材的等级和分数建造，即可建成比例适当、构件尺寸基本合理的房屋。这种模数制的设计方法可以通过口诀在工匠间传播，不需绘图即可设计房屋、预制构件，有简化设计、便于制作、保持建筑群比例风格基本一致的优点。中国木构架房屋易于大量而快速地组织设计和施工的重要原因之一就是采用模数制设计方法。

（5）室内空间灵活分隔。木构架房屋不需承重墙，内部可全部打通，也可按需要采用木装修灵活分隔。木装修装在室内纵向或横向柱列之间。分隔方式可实可虚：实的如屏门、格扇、板壁等，把室内隔为数部，用门相通；虚的如落地罩、飞罩、栏杆罩、圆光罩、多宝阁、太师壁等，都是半隔半敞，不设门扇，空间上既有限隔，又不阻挡视线，并可自由通行，做到隔而不断。大型房屋还可把中部做单层的厅，左、右、后侧做二层楼，利用虚、实两种装修方法创造出部分敞开、部分隐秘而又互相连通和渗透的室内空间。

（四）中国古建筑的外部轮廓特征

中国古建筑外部特征明显，迥异于其他体系的建筑，这形成了其自身风格的要素。中国古建筑外部的优美轮廓常留给人极深的印象，富有特殊的吸引力。中国的房屋由三部分组成：顶、基、身。

1. 翼展的屋顶部分——功用、结构、造型

中国古建筑屋顶浪漫神秘的曲线迥异于西方。在中国建筑中屋顶是极受重视的一部分，从其结构构造到外部装饰，无不极力求善求美。在功用上，中国古建筑屋顶同时考虑

了采光、防水等多重功能，屋顶呈坡形，起到上尊而宇卑，则吐水疾而溜远的实效，使水不在房顶驻留。后来为了解决采光和檐下溅水问题，发明飞檐，使檐角微呈曲线。在结构上梁架层叠，使用举折之法，以及应用角梁、翼角、椽、飞椽、脊吻等构件。在外形上形成种种柔和壮丽的曲线和各种造型，如庑殿、歇山、悬山、硬山、卷棚。

2. 阶基的衬托

中国古建筑的另一特征是它所具有的阶基，它与崇峻屋瓦相呼应，周秦西汉时尤为如此。高台之风与游猎骑射并盛，其后日渐衰弛，至近世阶基渐趋扁平，仅成文弱之衬托，不再如当年之台榭，居高临下，作雄视山河状。但唐宋以后，阶基出现的"台随檐出"，从外域引入的"须弥座"等仍为建筑外形显著的轮廓。与台基相连的部分，如石栏、辇道、抱鼓石等附属部分，也是各有功用并都是极美的点缀物。

3. 屋身

屋顶与台基间是中间部分——屋身，无论中国建筑物外部如何魁伟壮观，屋身的正面仍是木质楹柱和玲珑精美的窗户，很少用墙壁。当左右两面为山墙时，也很少开窗。在屋身的外檐装饰上常是尽精美之能事，无论是格扇门，还是棂窗都美轮美奂。

（五）在组群布置上的特点

中国古建筑体系在平面布局上具有一种简明的规律，就是以间为单位构成单座建筑，再以单座建筑组成庭院，进而以它为单元，组成各种形式的组合。

国画中的楼阁宫院，都会被处理成登高俯视之图，尽显其美，这是因为组合美是中国古代建筑的一大特点。在主要建筑物旁，一般要配合围绕一些其他建筑，如配厢、夹室、廊庑、周屋、山门、前殿、围墙、角楼等，成为一个美丽的布局。中国古建筑的平面布局与宗教意识形态、社会组织制度、风水等有着密切的关系，是一门很有趣的学问，将在以后的内容中专门讲述。

在古典建筑中，有各种精美的细节，如斗拱、脊饰、柱础、雀替、窗扇、栏杆、藻井、琉璃瓦等。这些精美的细节是古典建筑的魅力之一，在这些精美的细节中可以清晰地看到过去生活的痕迹。

体会到古典建筑的真正内容，不是一件容易的事，首先它们是所在时代、所在社会、所处发展阶段的结晶。其次它们是民族精神、民族文化的积累，越来越多的人会发觉古典建筑的温柔动人之处。当那种精致的美、那种反映过去时代人文精神光辉的古典精粹在我们身边越来越少的时候，我们也会越来越怀念它。

学建筑的人坚信美是可以创造的，但古典建筑那种精致、婉约、和谐的美是很难仿造出来的。即使样子可以仿造，但古典建筑中凝聚的岁月和情怀是现代机器无法制造的。每当看到一些或精美，或宏大，或和谐的古典建筑时，你心里可能会有一刹那安详平和的感觉，尽管你可能不清楚这感觉来自何处。

在了解和认识了古典建筑的美之后，会发现自己变得更加完整了。在了解了中国古典建筑之时，也了解了自己的民族，了解了自己。最重要的是，在深刻认识了古典建筑的美之后，它的情怀也许会不经意地在你的笔下再生，传达给更多的人，这是建筑系学生学习古典建筑最重要的意义。

这部分将简要回顾中国古代建筑的发展历程。在漫长的几千年文明发展过程中，中国古代建筑逐渐形成了具有高度延续性的独特风格，在世界建筑艺术宝库中占有重要的一席之地，并对周边国家产生过重要影响。

任何一座古建筑都与其时其地的气候、物产材料的供给、民族风俗、社会制度、政治和经济的状况，尤其与所处时代的文化艺术、技术水平有着极大的关系，因此每个时代的建筑规模、形体、工程、艺术的嬗变，乃其所在时代的缩影。梁思成在《中国建筑艺术图集》中写过一段让人印象深刻的话：当时的匠师们，每人在那不可避免的环境影响中工作，犹如大海扁舟，随风漂荡，他们在文化的大海里漂到何经何纬，是他们自己所绝对不知道的。在那时期之中，唯有时代的影响，驱使着匠师们去做那时代形成的样式；不似现代的建筑师们，自觉地要把所谓自己的个性，影响到建筑物上去。

二、中国传统建筑装饰的内容、特点与表现手法

中国传统建筑装饰的内容极其丰富多样。广义的传统建筑装饰包括了建筑物的表面装饰、建筑周围的环境布置、建筑室内装饰三方面。其中建筑物外表的装修、装饰最能够体现出中国传统装饰工艺手法。

在中国传统木构建筑上，几乎每一个局部的建筑构件都可以作为独立的装饰对象，如梁、柱、枋、椽、檐、门、窗、墙、砖、石、瓦、天棚、栏杆、地面等，每个细微部分的装饰都各具特色，尽善尽美。建筑上部空间为屋顶部分，装饰内容包括：屋脊、屋瓦、瓦当、滴水、屋顶饰物等。建筑中部空间为屋身部分，装饰内容包括：藻井、天花、墙、梁架、柱、枋、斗拱、雀替、门窗、栏杆等。建筑下部空间为台基部分，装饰内容包括：台基、台阶、柱础、铺地等。古代工匠根据所装饰对象的材质、形状、功能的不同，发明和运用了形形色色的装饰方式和手法，如粉刷、漆、镂镂、雕刻、打磨、拼贴、压模、彩绘、浮塑，等等，艺术效果非常突出。

　　虽然中国传统建筑装饰涉及的方面十分广泛，装饰的部位无微不至，但为了达到建筑装饰美的整体协调、统一，在装饰上依然遵循着有主有次，重点突出的原则。装饰部位主要集中在建筑结构的框架部位和连接部位，例如屋顶上的屋脊、檐角檐口处，屋架的梁、斗拱、雀替等部位，集中在内外空间的沟通部位，如门、窗，此外装饰还集中在易于注目之处或是带有一定观念上的特殊要求的造型部位。微观上的细致入微和宏观上的繁简相宜使每一座优秀的建筑物都成为综合了传统装饰艺术技巧、手法、风格的艺术珍品。

　　中国传统建筑装饰与中国建筑文化有机地融为一体，对建筑的装饰既是物质上的美化，更多的是精神上的彰显。各种装饰手段和技术的运用，在充分表达形式美的同时，不破坏实用功能，并且体现深远的精神文化内涵。这一切构成了中国传统建筑装饰的鲜明特点和基本特征。

　　中国传统建筑装饰遵循实用性与审美性统一的原则。任何建筑装饰都不是无用的附加物，首先是建筑组成部分，然后才是装饰对象。如斗拱、雀替，首先要满足其作为建筑上重要构件的实用功能，然后再或雕或绘，进行适度的装饰美化，使之成为承载文化含义和美感，具有欣赏价值的装饰部件。并且，很多装饰形式和装饰美感的产生，也是从实用功能出发的。如中国传统门窗上精美细致的菱花格扇，就是为了室内采光的需要而产生的独特装饰形式。屋檐的滴水做成如意形，台基上的排水口做成螭首状，漏窗做成双钱形、扇形、梅花形……林林总总的建筑装饰都充分显示了实用与美观的浑然一体。

　　中国传统建筑装饰具有独特的寓意性和寓意美。建筑装饰中很多图案和造型采用中国传统文化中人民喜闻乐见的祥禽瑞兽、奇花异草、神佛宝物作为题材，起到驱邪避祸、纳福迎祥之作用，如松竹梅兰、龙凤狮虎、麒麟仙鹤、灵芝、如意、金钱、暗八仙、福禄寿等。更有大量运用"谐音寓意"手法创作的建筑装饰，如砖雕、木雕中的"平（瓶）升（生）三级（戟）""福（蝠）寿（桃）双全（双钱）""鹿鹤（六合）同春"等图案，用在建筑上，通过特定的形象组合传达吉祥的寓意，寄托了屋主祈望家宅平安，风调雨顺、繁荣昌盛的美好愿望。建筑装饰色彩也同样具有寓意性，如宫殿的金黄色琉璃瓦寓意皇权，天坛祈年殿的青瓦象征青天，故宫文渊阁的黑瓦代表五行中的"水"，有克火，防止火灾的寓意等。

　　中国传统建筑装饰具有严格的伦理性。中国建筑集中反映了中国文化的特质，以儒家学说为中心的中国传统文化强调的天地祖宗、三纲五常、社会阶级高下、家庭成员尊卑等伦理道德观念在建筑本身和建筑装饰上都充分表现出来。例如：四合院的房屋布局有长幼尊卑之分。房屋台基的高度："天子之堂九尺，诸侯七尺，大夫五尺，士三尺。"房屋柱子的色彩："天子丹，诸侯黝，大夫苍，士黑黄。"（《礼记·礼器篇》）都体现阶级地位的不同。建筑装饰方面，也有阶级伦理的反映："明初禁官民房屋，不许雕刻古帝后圣贤人物，及日月龙凤狻猊麒麟犀象之形。"（《明史·舆服志》）若违反了规定就是触犯纲常，被视为大逆不道。

中国传统建筑装饰具有欣赏中的教育性。在儒家学说的伦理纲常、道家学说的清净超逸、佛家学说的行善积德"三教合流"的文化思想指导下，中国传统建筑装饰成为一部视觉形象的教育读本。建筑装饰中经久不衰的"二十四孝""桃园三结义""精忠报国""渔樵耕读""童子拜观音"等题材，都是将美观和教育性相结合的。"仁义礼智信""天地君亲师""天人合一""因果报应"这些传统文化思想和观念通过日常生活中随处可见的装饰，利用艺术审美的形式，世世代代，潜移默化地教育和影响了中国人对社会、对人生的认识。

三、中国建筑与绘画

中国古代建筑与绘画有着密切的关系，这里所说的绘画不是建筑设计的图纸而是纯粹美术作品和用于建筑装饰的绘画。中国古代绘画中有很多涉及建筑的作品，有的作品画面以建筑为主，描绘楼台宫阙、园林风光；有的以自然风景为主，描绘山林湖泊，其间点缀村舍茅屋、小桥流水；还有的以社会生活场景为主，例如朝廷仪式、家居生活、村野劳动等，配合人物活动的需要，描绘一些与生活相关的建筑或建筑的局部。这些美术作品实际上都是一些珍贵的建筑遗存，因为很多已经不存在了的建筑可以在这些画面上看到。在这些作品中，我们还能看到与建筑相关的生活场景，并由此了解到古代的生活方式以及建筑和生活的关系。最著名的当属宋朝张择端的《清明上河图》，其中描绘的城市和建筑场景的真实性与丰富性，让人能够活生生地看到宋朝都城汴梁的繁荣景象。

中国古代建筑与绘画的关系首先就表现在绘画对建筑的记录。例如秦汉时期有许多传诵千古的著名宫殿，秦代阿房宫，汉代长乐宫、未央宫等，它们虽然在历史上威名赫赫，但是这些建筑究竟是什么样子我们已经无法知道，甚至连秦汉时期宫殿建筑的一般形象都无法知道。幸得在一些秦汉时代墓葬中出土的画像砖、画像石上留下了许多建筑的形象，与我们今天所看到的各时代的古建筑所不同的是，秦汉时期的建筑屋顶不是曲线形的，而是平直的。是否真是这样，有两点可以证明：一是今天所能看到的所有出土的画像砖、画像石上的建筑形象都是没有曲线的，这绝不是巧合。如果数量少，我们可以怀疑是否画得准确，但都是这样，就不能认为是画错了。二是还有现存的实物可以证明。山东肥城孝堂山汉墓石祠和四川雅安的高颐墓阙，这些都是汉代保留下来的中国国内现存最早的地面构筑物之一，其屋顶都是平直的，没有曲线。还有很多墓葬中出土的陶制建筑形明器（墓葬中的随葬物品），也都是平直的屋面。甚至还有相反的，不往下面凹，而往上面拱的反曲面屋顶形象。由此看来，中国古代建筑的凹曲屋面是汉代以后才形成的，至少在汉代时还没有。

另外，绘画作品中还记录了很多已经消失了的著名建筑的形象。例如著名的岳阳楼，在各个不同时代的古画中的岳阳楼就有着不同的形象，记录了岳阳楼在千百年历史上的变迁。湖北黄鹤楼也在不同时代的古画中有着不同的形象；江西滕王阁在被毁以后，也是按照古画中的样子重建的。还有一些宋代的古画中画的一些建筑的式样，我们今天已经看不到了。

中国古代有一种绘画叫作"界画"，这是一种介乎于建筑图和美术作品之间的特殊的绘画作品。所谓界画就是要借用一种工具——"界尺"来作画，我们知道，一般绘画是不用尺子的，只有建筑工程制图才用尺子。而界画是一种美术作品却要使用尺子来作画，因为画面中有大量的建筑，而画建筑物主要是用直线。如果一幅画面上大量的直线画得不直，那画面就不好看，于是我们的古人遇到这种以建筑为主体的绘画时便采用界尺来辅助作画，这就形成了一种被人们称为"界画"的画种。界画主要用来表现建筑场景，每当需要大量画建筑的时候就采用界画的方法。久之，人们借用这种界画的方法来绘制建筑的图纸，所以中国古代的建筑图与界画类似。所不同的是界画仍然是美术作品，画面内容不仅有建筑，还有山峦、河流、树木、花草、人物、动物，甚至有故事情节。而建筑图则只有建筑，没有他物，目的是为建筑设计施工用的。

壁画是中国古代建筑装饰的一种手法。中国古代很早就有文人们在墙上题诗作画的传统，往往有文人雅士酒后兴起，提笔在墙上赋诗，若题诗者是名家，或日后成为名家，则此墙壁、此建筑也因此而出名。唐代大画家吴道子就因擅长壁画而著名，所画人物衣带飘逸、随风舞动。相传每当寺庙宫观请吴道子画壁画的时候，满城百姓奔走相传，蜂拥前往观看，成为盛事。尤其在宗教建筑中，这种用壁画来装饰建筑的做法相沿成俗，历朝历代均有。最著名的莫过于敦煌石窟壁画，从北魏时期开始，直至明清，一千多年的历史中各朝各代在此作画，使其成为一座世界上绝无仅有的美术史的宝库。山西芮城的永乐宫（原在山西永济市，因 20 世纪 50 年代修黄河三门峡水库而迁建于此）是国内最著名的道教建筑之一，其建筑独具特色，成为元代道教建筑最出色的代表。尤其是三清殿内的巨幅壁画"朝元图"，是中国美术史上的一件瑰宝。壁画高 26 米，全长 94.68 米，总面积为403.34平方米，面积之大为中国乃至世界古代壁画所罕见。壁画描绘了玉皇大帝和紫微大帝率领诸神前来朝拜最高主神元始天尊、灵宝天尊和太上老君的情景。画有神仙近 300 尊，人物形象生动、神采飞扬、衣冠华丽、飘带流动、精美绝伦。

不仅宗教建筑有壁画，在民间建筑上，古人也常采用壁画来做装饰。民间的祠堂和有钱人的宅第常常画有壁画，祠堂中的壁画多以喜庆吉祥图案或者说教性的道德故事为题材，如"二十四孝""孟母择邻""孔融让梨"等，用以教化后人。文人宅第或风景园林建筑上的壁画，则表现出较高的文化修养和艺术水平，例如山水风景、树木花草、鸟兽虫鱼等。湖南黔阳（今洪江市）芙蓉楼牌坊甚至采用纯黑白的水墨画来装饰，不施色彩，非常素雅，表现一种文人气质。有的装饰壁画由建筑的性质而决定，例如戏台建筑上的壁画一般描绘戏曲故事的内容，如《三国演义》《水浒传》《西游记》等。

中国古代建筑还有一种与绘画相关的装饰手法——彩画，彩画和壁画属于两类不同的艺术。

第一，它们的装饰部位不同。壁画画在墙壁上，彩画一般画在梁架、天花、藻井等建筑构件上。当然也有少数彩画画在墙壁上的，但也是画在墙壁与屋顶相接的边缘部位。

第二，它们的绘画内容不同。壁画是创作性的、纯粹的美术作品，其内容是人物故事、山水风景、飞禽走兽等生动的、可以解说的艺术形象。而彩画则只是抽象的、格式化的图案。

清代官式建筑的彩画分为三种，也是三个不同的等级。

最高等级的叫"和玺彩画"，是只有皇帝的建筑上才能用的，其特征是双括号形的箍头和龙的图案。次一等的是"旋子彩画"，用在较高等级的建筑上，例如皇宫中的一般建筑、王府、官衙、大型寺庙等，其特点是单括号的箍头和旋转形菊花图案。第三等叫"苏式彩画"，一般用于住宅园林等较低等级的普通建筑上。其特点是每一幅彩画都有一个装饰核心，叫作"包袱"。这"包袱"里面是一幅完整的画，即一幅独立的美术作品，或者画的人物故事，或者是山水风景、飞禽走兽等，这"包袱"的外面再配以图案装饰。苏式彩画常用于园林建筑上，例如北京颐和园的长廊，在万寿山下昆明湖边，长达 500 多米。梁枋构架上装饰着苏式彩画，"包袱"中描绘有山水、花鸟、小说戏曲人物故事等，琳琅满目。人在廊中，游览湖光山色的同时欣赏着一幅幅图画，别有一番趣味。

四、中国建筑与雕塑

中国古代本来是没有做雕塑的传统的，尤其是人像雕塑。西方人喜欢做雕塑，而且做得好，这源自他们的文化传统。西方文化的祖先是古希腊罗马，古希腊罗马文化的一个重要特征是崇尚"力"与"美"，他们神话中的众神都是力量和美的化身，男性的神一定是最有力量的男人，女性的神一定是最美的女人。男性就要有强壮的体格，发达的肌肉；女性就要有圆润的身体，优美的线条。这种崇尚力量、崇尚美的倾向最终发展到崇尚人体，于是人体艺术在西方从两千多年前的希腊罗马时代就成了艺术的主流。人们把自己崇拜的对象——神都塑造成裸体的形象，供奉在神庙里，立在大街上供人瞻仰。发源于古希腊的奥林匹克运动也是这样，奥运会上的比赛是裸体的，比赛的冠军被抬着游行，也是裸体的。由于这种对表现在人体上的力量和美的崇拜，以及古希腊罗马时代的穷极事物规律的科学研究精神，促使他们去认真观察人体，研究人体。研究人体各部分的比例，研究每一块肌肉的运动规律。于是他们对人体非常了解，所以做出来的人体雕像比例准确、形象优美。像古希腊罗马时代的《掷铁饼者》《米洛的维纳斯》等著名雕塑作品，美不胜收，其艺术水平之高甚至今天人们都难以达到。

因为有这一传统，所以后来西方建筑以及城市街道、广场、园林等处全都用雕塑艺术来装点，成为西方建筑艺术的普遍特征。在城市中凡要纪念某一人物，一定是为他做一尊雕塑，矗立于街头广场，即使没有什么需要纪念的也要做雕塑作品来作为艺术装饰。

在中国，由于受古代礼教思想的约束，人们认为人体是引起邪念的根源，是不能被看的，至于像古希腊罗马那样狂热地崇拜人体就更是不可能的事情。于是中国古人对于人体只是在医学上了解，而且即使在医学上的了解也不是很科学，因为没有解剖学。而在艺术上就完全不了解了，对于人体的比例关系、肌肉运动的规律等都没有研究，所以中国古代的人像作品不论是雕塑还是绘画，都是比例不正确，形象不真实。中国古代也没有用雕像来纪念某位人物的习惯，除了在寺庙和石窟里做神像以外，一般就只有在陵墓神道上的石像生有人物雕像，别处一般都是没有人物雕像的。我们今天在广场上树立雕像来纪念某位人物，这是近代以后学习西方的做法。这种艺术手法当然很好，值得我们学习。

在中国古代早期建筑中，雕塑与建筑的直接关系比较多的是陵墓建筑中的石雕——石像生。中国古代帝王陵墓或者贵族、高官的陵墓前面有一条笔直的道路叫作"神道"，神道的两边矗立着石人、石兽的雕塑，这就叫"石像生"。石像生起源于汉代，秦始皇陵中就没有神道石像生，倒是有埋于地下的兵马俑，那是中国古代"事死如事生"的传统观念的产物。汉代陵墓的石像生最开始时也没有后来那样的制度化、规范化。在墓前做石雕像有各种不同的含义，有的是作为陵墓主人的随从或守护神；有的是做一种纪念性雕塑，以标示陵墓主人的历史功绩。例如汉代大将军霍去病墓前的石雕"马踏匈奴"，就是纪念这位大将军生前征服匈奴，扫平边关，平定战乱的功绩。最初的石像生做的都是动物，尤以凶猛的动物为多，明显含有守护保卫的意思。

南朝陵墓石像生多用"辟邪"，也是同样的含义。此外陵墓石像生最常用的是马，马是古代军事征战的象征，所以在帝王和贵族陵墓的神道石像生中一般都有马。

什么时候开始用人物雕像来做神道石像生的已难考证，目前能够看到的最早记录是东汉时期的陵墓开始出现人物石雕像，但是为数很少，如郦道元的《水经注》中的《淯水注》里记载有弘农张伯雅墓，"碑侧树两人"。人们把这种陵墓神道上树的人物雕像叫作"翁仲"，其来源是秦始皇有一位悍将叫阮翁仲，骁勇善战，匈奴人都害怕他。阮翁仲死后，秦始皇用铜做了他的塑像立于咸阳宫司马门前，匈奴人看见了都不敢靠近。因此用翁仲做石像生最初也是出于守护的含义。后来不仅是武将翁仲，还出现了文官的形象，这种左右站立文官武将的形式实际上是一种朝廷仪仗的表现。

唐宋以后，帝王陵墓神道石像生中还出现了外国人的形象，这显然是为了表达皇朝"威震四海，万国来朝"的含义。陵墓石像生也有不同时代的艺术特征，例如汉魏六朝的雄浑、唐朝的雍容大度、宋朝的清新秀美等。

佛教传进中国后，开始有了宗教寺庙的神坛造像。所有的寺庙里一定塑有佛、菩萨、罗汉、力士金刚等神像。寺庙造像一般都是泥塑，内部用竹木、棉麻等植物制作胚胎，外面用泥灰塑造形象，再涂装色彩。这种工艺叫"彩塑"，在中国古代寺庙中普遍使用。不论是佛教寺院还是道教宫观，抑或其他民间庙宇都是如此。泥塑造像一般用于寺庙殿堂内，因为它不能经受风雨侵蚀。而另一类宗教造像则借助自然界的崇山峻岭或悬崖巨石，通过人工开凿来制作体量巨大的石像，例如著名的四川乐山大佛、福建泉州清源山老君岩的老子像等。

大型石雕造像中最普遍的就是石窟了，石窟也是佛教造像中重要的一类。它借助自然界形成的山体巨型石块经人工雕琢而成，石像和山本身连为一体，它是在山体上挖洞雕凿，把周围镂空留出神像来。因此这种石像雕凿过程非常艰苦，而且还必须非常细心，如果不小心把鼻子耳朵碰掉一块，补都没法补。石窟造像具有很高的艺术水平，如此巨大的体量，要把握好基本的比例关系（虽不说人体的比例很准确）是很不容易的。特别是河南洛阳龙门石窟的卢舍那大佛，不但造型比例好，而且大佛形象很美，一般认为是目前国内石窟造像中最美的一尊。

佛教造像是一种偶像崇拜，中国上古时代是没有偶像崇拜的。中国古人祭祀天地神灵，祭祀祖先圣贤都是用牌位，而不用塑像。北京天坛皇穹宇中供奉的昊天上帝是牌位；老百姓家族祠堂里供奉的祖宗或天地君亲师也是牌位；北京孔庙里供奉的孔子和其他配祀人物也是牌位。随着佛教传入，造像的手法也影响到中国。宗教造像随着宗教本身的兴盛和发展而普遍流行，影响到其他领域。例如祭祀孔子的孔庙（或文庙），本来按照中国的传统是只有牌位，没有塑像的。佛教在中国流行以后，寺庙里塑神像成为普遍现象，于是中国传统祭祀也受其影响，孔庙中也开始做塑像，或挂画像了。

中国古代与建筑相关的人像雕塑艺术作品，除了陵墓石像生和宗教寺庙神像以及文庙孔子像之外，其他场合用人像雕塑确实不多。但在一些特殊的场合，为了一些特殊的需要会做一些有特殊含义的人像雕塑。例如杭州岳王庙，为了纪念抗金英雄岳飞而建造，同时把当年残害岳飞的罪人秦桧等人用生铁铸造了塑像，跪于岳飞庙前。

山西太原晋祠圣母殿里面有一组泥塑像，做得极其优美，可以说是国内最美的一组泥塑像。晋祠圣母殿建造于北宋太平兴国九年（984），距今已有一千多年的历史，这座建筑是宋代建筑的典型代表，是当之无愧的国宝。而大殿内的这组泥塑像也是与建筑同时代的作品，也是中国古代雕塑艺术的瑰宝。除了端坐于大殿正中宝座上的圣母以外，另有42尊侍从人物，其中除了少数几个男宦官以外，大多数是女性，即圣母的侍女。这组泥塑像最大的特点在于，他们虽然是在神殿里被当作神像来塑造的，但实际上完完全全是一组现实中的宫廷侍从人物。人物形象和神态极其生动，尤其是那一群宫廷侍女，有起居侍女、梳妆侍女、奉饮食侍女、文印翰墨侍女、音乐歌舞侍女、洒扫侍女等，各自身着不同服装，手拿不同物品。她们有着不同的身份地位、不同的年龄、不同的性格，表现出不同的神态表情。有的温文尔雅，有的天真可爱，有的老于世故，有的高傲冷艳。总之，一个个生动传神，楚楚动人。像太原晋祠圣母殿内泥塑这样的现实人物雕塑，在中国实为凤毛麟角。

另外，在四川大足石窟中在做佛教造像之余还有少量民间生活的人物雕像，例如牧牛童子、养鸡妇等。除此之外，中国很少有现实人物雕塑作品，究其原因还是中国古代没有做人物雕塑的历史传统。即使像晋祠圣母殿泥塑和大足石刻雕像中的现实人物形象也还是借宗教的形式来表达的。

在中国古代，雕塑更多的是用在建筑装饰上，雕塑是中国古建筑装饰的一种重要手法。在梁枋构架、屋脊墙头、天花藻井、门窗栏杆等处，凡能做雕塑之处，均有雕塑。雕塑的材质主要有木、石、砖，因此木雕、石雕、砖雕号称"建筑三雕"。这三种雕刻手法各有特点，一般说来木雕比较精美，因为木雕的材质细腻；石雕则比较质朴，因为石头材质相对比较粗糙，并且硬度大，加工比较困难，所以石雕不可能做到像木雕那样精细的程度；而砖雕的特点是由于其制作方式的特殊性（先用泥塑的方式制作出来，然后再像烧砖一样烧制），因而比较长于表现立体感和空间感。然而，不论是木雕、石雕还是砖雕，同一种雕刻手法中又有不同的地域特征。一般来说，北方的风格粗犷豪放，南方的风格精巧细腻。

在中国建筑装饰中还有一种类似于雕塑的装饰手法——泥塑。与前面所述泥塑人像、神像不同，这是一种仅用在古建筑的屋脊翘角等处的装饰物，用一种耐久的泥灰（一般是桐油石灰）制作出飞禽走兽、植物花卉。泥塑经常在泥灰里面掺进彩色矿物颜料，这叫

"彩塑"，它与砖雕、石雕相比更显丰富、华丽而被人们所喜爱。由于泥塑工艺的手工自由度较大，便于创作，因此常被用来进行较大面积的装饰，有的甚至在建筑物墙面上作出大面积的泥塑图案，例如湖南湘潭鲁班殿大门牌楼的正面门楣上用泥塑作出一幅山水城郭长卷，画面上有城墙城楼、城内街道店铺、河流码头船舶、城外山水田园，琳琅满目，被人们称为"湘潭的清明上河图"。然而，泥塑是没有经过烧制的，虽然桐油石灰很坚硬，但是其耐久性毕竟有限。于是人们借用陶瓷釉色的工艺来制作这种建筑装饰品，这就产生了建筑琉璃，它色彩艳丽而又能久经风雨不变颜色。自从有了琉璃以后，琉璃制品就成了中国建筑屋顶装饰的主要做法。当然，琉璃是比较昂贵的，所以只有高等级的或比较讲究的建筑上才能用琉璃。例如山西洪洞广胜上寺琉璃塔，采用大量的琉璃构件、琉璃雕塑艺术品来做建筑装饰，国内少见，可以说它是中国古塔中装饰最华丽的一座。

五、典型的中国传统建筑

（一）北京官式建筑体系

至迟在唐宋时期，北方地区已形成工艺完整、体系完备、风格鲜明的官式建筑体系和风格。北宋崇宁年间，政府颁布的《营造法式》详列了各建筑工种的设计原则、建筑构件加工制造方法，以及工料定额和设计图样，成为中国古代木结构建筑体系发展到成熟阶段一次全面的总结。该书编修的主要目的之一是制定设计标准，规范材料使用，保证施工质量。书中对壕寨、石作、大木作、小木作、雕作、旋作、锯作、竹作、瓦作、泥作、彩画作、砖作、窑作等十三个工种的制度做了说明，使设计与施工有典可依、有章可循。《营造法式》是一部官书，主要讲述统治阶级的宫殿、寺庙、官署、府第等建筑的构造方法，在一定程度上反映了当时整个中原地区建筑技术的普遍水平，直接或间接地总结了中国11世纪建筑设计方法和施工管理的经验，反映了工匠对科学技术掌握的程度，是一部闪烁着古代工匠智慧和才能的巨著，也是中国迄今所存最早的一部建筑专著，对研究唐宋建筑乃至整个中国古代建筑的发展，特别是中国古代建筑技术的成就，具有重要意义。由于官方的倡导和监督，至迟在宋代中国建筑已经在全国范围内形成统一的营造技艺和艺术风格，由现存的南北方唐宋时期的建筑遗构可见，在寺庙等重要建筑类型上体现了较统一的风格样式，形成了中国古代传统建筑风格中特有的文化现象。

清雍正十二年（1734），经过在明代定型化的基础上的不断改进与完善，工部颁行了《工程做法则例》一书，书中列举了二十七种单体建筑的大木做法，相当于二十七个标准设计，并对斗拱、装修、石作、瓦作、铜作、铁作、画作、雕銮作等做法和用工用料作出规定，将清朝官式建筑的形式、结构、构造、做法、用工等用官方规范的形式固定下来，形成规制。《工程做法则例》根据建筑的等级和结构做法，将建筑划分为大式和小式两种。大式建筑的平面可以做多种变化，可以带周围廊、抱厦，可以使用斗拱，也可以使用各种复杂的屋顶样式，并可以做成重檐的形式。这些规定反映了封建等级观念在建筑上的影响，使得建筑在一定程度上成为人们地位、身份的标志。在建筑设计领域，清代的宫廷建筑设计、施工和预算已由专业化的"样房"和"算房"承担，其中样房由雷姓家族世袭，称为"样式雷"，表明建筑设计已经走向专业化、制度化。北京官式技艺及风格主要体现在皇家建筑和敕建项目。

北京位于华北平原北端，为典型的温带大陆性气候，冬季刮西北风，天气寒冷干燥，风沙较大，封闭的庭院是防风避沙的有效方法。今天所见保存较完整的四合院多为晚清和民国时期修建。四合院的院子宽敞，房屋可以多纳阳光，温暖明亮。为了防寒、隔热，屋顶做得很厚，故结构上采用承重性较强的抬梁式构架。在北京传统建筑中，把以梁、柱、枋、檩等组成的承重结构的制作称为"大木作"，在大木构架中，柱头以上部分称为"上架"，柱头以下部分称为"下架"。有斗拱的大木作木构件与屋架上其他木构件的尺寸以斗口为模数，无斗拱的以檐柱的直径为模数。明清北京建筑保持并简化了唐宋以来的一些传统做法，如为了充分保证构架的稳定性，一般把柱子加工成上细下粗的形式，即"收分"，称为"收溜"，最外圈柱子顶都微微内倾，即"侧脚"，称为"掰升"。

北京传统营造技艺是北方传统建筑技术的代表，形成了一整套严格的设计规范和施工规范，同时也结合北京地方特点和民俗习惯，产生了北京当地一些独具特色的做法和风格。如四合院方正开阔，厢房不遮正房，以多接纳阳光；院子对外封闭，以隔风尘；屋顶及墙壁厚重以防寒隔热；支摘窗、帘架门、门帘、苇帘以及火炕等，都是适应北京气候条件而采用的办法。此外，碎砖砌墙、"四白落地"的裱糊顶棚，以及扎彩子、搭天棚等，均为旧时北京工匠特有的技艺。北京官式建筑以北京为核心，辐射到华北、中原、东北，远及西北部分地区。这些地区的公共建筑多以清《工程做法则例》为准则，尊北京官式做法为摹本，同时也糅合地方的一些传统做法，特别是一些民间建筑和民居就更多传承了地方长期使用的营造技艺，如山西、河南等地的民居建筑，从而形成既统一又富本土特色的北方建筑风格。

（二）皇家园林

自康熙以后，历朝皇帝都有园居的习惯。相应的皇家园林中的建筑也相对较多。在清代最有名的莫过于有"三山五园"之称的香山静宜园、玉泉山的静明园、万寿山的清漪园、圆明园和畅春园。由于使用者身份的特殊性，皇家园林不论是在面积上，还是在布局上都彰显着皇家的气势。而园林建筑在其中也具有其独有的特点，宏大壮丽之气虽不能同等于宫殿建筑，但其形式、用料、结构规模也不是一般私家园林所能比拟的。一般来说，皇家园林的建筑面积几乎相当于几十个中型尺度的私家园林。如颐和园相当于 70 个拙政园，而避暑山庄则占地 560 多公顷。皇家园林中的建筑也同时沿用了宫殿建筑的材料和色彩。在一些主体建筑中采用红柱绿檐，重施彩画。材料上大量使用琉璃和金属构件以创造出金碧辉煌的效果。

现存的颐和园就是在清漪园的基础上，以昆明湖和万寿山为基址，以杭州西湖为蓝本，汲取的江南园林的某些设计手法和意境而建成的一座大型天然山水园，也是我国现存规模最大，保存最完整的一座皇家行宫御苑。

全园共占地约 290 公顷，其中水区占四分之三。共分三个功能区，即以庄重威严的仁寿殿为代表的政治活动区，是清朝末期慈禧与光绪从事内政、外交政治活动的主要场所；以乐寿堂、玉澜堂、宜芸馆等庭院为代表的生活区，是慈禧、光绪及后妃居住的地方；以万寿山和昆明湖等组成的风景游览区。而游览区又可分为昆明湖、万寿山前山、后山后湖三部分。

约占全园面积 3/4 的昆明湖紧临万寿山南麓，湖中的几座长堤把湖面划分为三个大小不等的水域，每个水域各有一个湖心岛。由于岛堤分隔，湖面出现层次，避免了单调空旷。湖区建筑主要集中在三个岛上。飞跨于东堤和南湖岛之间的十七拱桥成为湖中的一大胜景，西堤则绿树成荫，掩映着湖光山色，呈现一派富于江南情调的近湖远山的自然美景。

前山由于山形较为单调，因而以建筑物为主要景点以遮掩这一缺陷。这里的建筑密度较大，以八面三层的佛香阁为中心，组成巨大的主体建筑群。自湖岸边的云辉玉宇牌楼起，入排云门、二宫门、排云殿、德辉殿、佛香阁，终至山巅的智慧海，重廊复殿，层叠上升，贯穿青琐，气势极其磅礴。一重重华丽的殿堂台阁将山坡覆盖住，构成贯穿于前山上下的纵向中轴线。与中央建筑群的纵向轴线相呼应的是横贯山麓、沿湖北岸东西走向的"长廊"，长 728 米，是中国园林中最长的游廊。前山其余地段的建筑体量较小，自然而疏朗地布置在山麓、山坡和山脊，镶嵌在葱茏的苍松翠柏之中，用以烘托端庄、典丽的中央建筑群。

后山的景观与前山迥然不同，是富有山林野趣的自然环境，林木薪郁，山道弯曲，景色幽邃。除中部的佛寺"须弥灵境"外，建筑物大都集中为若干处自成一体，与周围环境组成精致的小园林。它们或踞山头，或倚山坡，或临水面，均随地貌而灵活布置。后湖中段两岸，是乾隆时模仿江南河街市集而修建的"买卖街"遗址。后山的建筑除谐趣园和霁清轩于光绪时完整重建之外，其余都残缺不全，只能凭借断垣颓壁依稀辨认当年的规模。谐趣园原名惠山园，是模仿无锡寄畅园而建成的一座园中园。全园以水面为中心，以水景为主体，环池布置清朴雅洁的厅、堂、楼、榭、亭、轩等建筑，曲廊连接，间植垂柳修竹。池北岸叠石为山，从后湖引来活水经玉琴峡沿山石叠落而下注于池中。流水叮咚，以声入景，更增加这座小园林的诗情画意。

（三）民居建筑

民居是指百姓的居住之所。《礼记·王制》中说："凡居民，量地以制邑，度地以居民。地邑民居，必参相得也。"民居不仅指住宅，还包括住宅延伸的居住环境。中国疆域辽阔，又是一个多民族组成的大家庭，不同的地理条件、气候条件以及不同的生活方式，再加上经济、文化等各个方面的影响，就造成了各地居住房屋样式以及风格的不同。按区域分，中国有特色的传统民居建筑又包括江南民居、西北民居、北京民居、华南民居以及少数民族民居等。

1. 江南民居

江南民居建筑的历史，可以追溯到约 7000 年前的河姆渡文化时期，那时就已经有人类在这块土地上繁衍生息。殷商时期，这里形成了初具规模的民居部落，魏晋南北朝时期的大动乱，使不少中原士族大批迁到这里，他们带来的先进建筑技术，推动了这里建筑业的发展。明清两朝，这里已经成为全国经济、文化最发达的地区之一，民居建筑也形成中国最具特色的民居之一。

江南村镇选址，多临水而建，古代江南水运相当发达，南北货运主要依靠水运。从某种程度上说，水运是江南发展的动力，所以江南民居大都临水而建。

南方炎热潮湿、多雨的气候特点，对江南的建筑产生了极大影响，为了防潮避湿气，江南民居的墙一般较高大，开间也大，设前后门，便于通风。同时，为了隔绝地上的湿气，一般为两层建筑，二层做卧室。底层多为砖墙，上层为木结构。南方地形较复杂，多有山有水，平坦的地面较少，所以江南民居的住宅院落一般都很小，其建筑体现出精巧有余、气派不足的缺点。江南民居的内部结构多为穿斗式木构架，屋顶结构比北方住宅略薄，墙底部多有片石，为了防潮，室内多铺有石板。厅堂内部，多用传统的罩、屏门等分隔。

2. 徽州民居

古徽州指历史上的徽州府、歙县、休宁、婺源、祁门、黟县、绩溪县共一府六县，既如今的安徽省黄山市（辖屯溪区、徽州区、黄山区）、歙县、休宁、黟县、祁门县四县及宣城市绩溪县、江西省婺源县。独具特色的徽州民居，也是中国传统民居中的重要组成部分。徽州民居最突出的特点是马头墙和青瓦。马头墙高大，能把屋顶都遮挡起来，起到防火的作用。门楼用石雕和砖雕进行装饰，装饰纹样富有生活气息。宅院大多依地势而建，分三合院、四合院，合院又有二进、三进之分。徽州民居屋顶的处理以"四水归堂"的天井为特点。四水归堂是指大门在中轴线上，正中为大厅，后面院内有二层楼房，四合房围成的小院称天井，目的是采光和排水。四面屋顶的水流入天井，俗称"四水归堂"。

3. 西北民居

西北民居是指中国黄河中上游一带的甘肃、陕西、山西等黄土高原上的建筑。最具特色的西北民居为因地制宜、利用黄土层建造的独特住宅——窑洞。黄土高原的黄土层深达一二百米，渗水性差，直立性强，是窑洞存在和发展的前提，黄土高原上雨量稀少也是窑洞存在的客观条件。

窑洞的历史可以追溯到原始社会的穴居时代，原始人类生产水平低下，天然洞穴就是人类最早居住的地方。早期人类穴居分布范围较广，包括辽宁、北京、贵州、湖北等地。随着生产力的不断提高，穴居的形式慢慢被大部分的人们所抛弃，不过，在我国的西北地区，当地人们因地制宜，在穴居的基础上发展成窑洞。窑洞依其外形可分为靠崖式窑洞、独立式窑洞、下沉式窑洞。

窑洞较为常见的是单孔窑，不过也有三孔窑中横向挖两孔通道窑，看起来就像三开间，这种窑洞在独立式窑洞中较为常见。除供人居住的窑洞外，一般在前面还有生活的辅助设施，包括厨房、专门的储藏窑等。

窑洞重视对门窗的装饰，陕西省的安塞、米脂、绥德，以及山西省的平遥一带的门窗装饰极具代表性：窑洞的门窗与洞孔一样大小，门窗上装饰有椽格图案，逢年过节时，多在窗上贴各式剪纸。

4. 晋中民居

晋中一带有许多北方传统民居合院形制的典型代表，最出名的是晋商们修建的豪宅大院。这些民居大多修建于清代，建筑规模较大，设计精巧，具有独特的建筑造型和空间布局。

晋中的民居建筑，以四合院居多，一般为砖木结构，砖墙且多为清一色的青砖（过去为砖夹土坯形式），墙体厚实，院落中也多用青砖铺地。晋中民居的一大特点是单坡屋顶，不是人字形坡顶，墙体就是屋脊的高度。其次是院落纵深，即南北长，东西窄，与一般院落呈方形不同。

晋中一些大规模的民居建筑，如著名的乔家大院、王家大院等，院中有院，明楼院、统楼院、栏杆院、戏台院层次分明。悬山顶、歇山顶、卷棚顶、硬山顶形式各异，可谓是晋中民居中的精华所在。

（四）坛庙建筑

台而不屋为坛，设屋而祭为庙。坛庙建筑介于宗教建筑与世俗建筑之间，是中国古代用于祭祀的礼制建筑。坛庙建筑大体可以分为三种类型：一是祭祀自然界天地山川和社稷的坛庙；二是祭祀祖先的祠庙；三是祭祀历代名人先贤的祠庙。

祭祀对象不同，祭祀方式也有所区别。东汉许慎《说文》中写道："庙，尊先祖貌也"，可见庙是专为尊崇祖先的。如祭祀帝王祖先的太庙、祭祀孔子的孔庙、祭祀关羽的关帝庙等，也常称为祠，如司马迁祠、武侯祠、家族祠堂等。《说文》中还写道："坛，祭场也"，即封土为祭祀的场所。为了与天地、日月、山川以及社稷等诸神沟通，祭祀活动多在露天进行，这种仪式从先秦一直持续到明清。例如，天坛、地坛、日坛、月坛、社稷坛等。但有些自然神被拟人化，祭礼也会在室内举行，此时也被称为庙，如祭祀泰山的岱庙、祭祀嵩山的中岳庙等。在建筑艺术方面，坛和庙各有特色。

坛通常位于郊外，远离城市喧嚣，环境更为幽静，以便更接近天体宇宙，同时增加庄严肃穆之感。在建筑造型、建筑色彩、装饰及构件数量上，坛多应用象征手法，以满足祭祀在精神给人的需求。祖庙和祠堂则更具有纪念意义，两者多采用四合院式布局，主要建筑位于中轴线上，等级分明。

（五）城池

城，指城墙；池，指城墙外的护城河或是深壕。中国古代的都城、陪都以及府、县治地以及重要的军事要地，基本上都设城池。从周代开始，对城池有了明确的规划。一个完整的城池建筑包括城墙、城壕、月城、城门以及城楼等建筑。城墙分内外，也称城垣，是城防的主体；城壕是护城河；月城也称瓮城，是指城门外用来屏蔽城门的小城，其城门被称为城埋；城楼是建在城门上或建在城墙上的高大建筑。除此之外，还有敌楼、角楼、箭楼等不同用途的建筑。

城墙的断面上小下大，呈梯形、封闭式。早期的城墙有版筑夯土墙、土坯砌墙、青砖城墙、石砌墙以及砖石混合式城墙，也有的用糯米灰浆砌筑。有些城墙墙体的外侧用水平放置的木椽包裹起来，目的是防止夯土筑的城墙崩开。南宋以后的城墙改为砖石包砌，即内为土筑，外用砖或石包裹。城墙的顶上有雉蝶，墙内侧为女墙，城墙上相等的距离有一座向外突出的马面，马面顶上设敌楼。敌楼多凸出在城墙外，高于城台上的墩台。敌楼多为两层，顶上为平台，四周有用来观察和守卫的垛口。敌楼内可以屯兵、存粮草。城顶上每隔 10 步设有一个战棚。目前保存较为完整的城墙有西安城墙、南京城墙。

城墙上开有城门，供人出入，城门一般为砖砌券洞，城门高大厚实。从东汉后期到隋代，重要的城门一般都会设两道以上城门，南北朝时期的城门一般有两道至三道城门，唐代和元代城门一般为单城，明初又出现两道以上的城门。城门上方筑有城楼，一般城楼高二到三层，多为重檐歇山式楼阁建筑。城楼也是整个城市的重要标志，平时可供瞭望、守卫及储存物资等。

在城墙的内侧有供守城人马上下行走的通道，被称为马道，一般比较宽大，坡度较少，便于上下行走。

城墙外有可以阻止人接近城墙的壕沟，被称为城壕，水源丰富的地方，多将水注入壕中，就是护城河，没有水的被称为城隍。为方便人们进出，一般在城门设吊桥等设施供人出入。城壕的深度一般与城墙的高度是相对应的，壕越深的地方，城墙一般筑得也越高。

城墙四角设有角楼，城角一般是城墙守卫薄弱的地方，修建角楼的目的是阻止有人从城下进攻。城墙拐角的地方一般修得较厚实，城墙上一般有高台，台上有呈"L"形的角落，这样可以更好地保护城角及两侧城墙的安全。

第二节　现代主义建筑发展与经典作品赏析

一、20 世纪以来的外国建筑

人类进入工业社会后，建筑的用途、形式、结构、风格、审美等发生了重大变化。20世纪以来的建筑流派众多，有着各自的影响力。

1. 芝加哥学派建筑

美国"芝加哥学派"从一开始就引领了时代潮流。"建筑"作为"芝加哥学派"的一个文化现象学分支，其主张简洁的立面以符合工业化时代的精神。它的建筑造型风格是建筑的整个开间都配以玻璃，形成简洁独特的立面风格，在结构上使用金属框架结构。

2. 新艺术运动建筑

新艺术运动代表着一种建筑装饰风格，具有流畅的线条和抽象的花卉图案，与威廉·

莫里斯倡导的工艺美术运动紧密相关。它适用于建筑物的外观和室内设计，如室内装饰常用到彩绘玻璃和陶瓷。

3. 现代主义建筑

现代主义建筑是真正意义上的 20 世纪建筑，其是为"现代人"设计的。现代主义建筑的设计不考虑历史风格与影响，完全并充分利用最新的建筑技术和材料，如铁、钢、玻璃和混凝土等。功能性是现代主义建筑的一个关键方面。

包豪斯是一个非常有影响力的跨越战争年代的现代教育中心。其倡导以功能、技术和经济为主的建筑观、创作方法和教学观。其重视空间设计，强调功能与结构的效能，把建筑美学同建筑的目的性、材料性能和建造方式联系起来，提倡以新的技术来经济地解决新的功能问题。包豪斯的设计风格由于其几位主要成员在 20 世纪 30 年代移居美国而得以在美国广泛传播。

4. 表现主义建筑

表现主义建筑师反对现代建筑的功能性产业风格结构，倾向于使用更曲折或高度铰接的形式，包括曲线、螺旋和非对称元素的结构，同时，也倾向于采用某种材料强调和表达建筑的价值。表现主义建筑的一个典型代表是悉尼歌剧院。

5. 风格派前卫建筑

1917 年，一些建筑师、设计师、画家和雕塑家在荷兰莱顿创办了风格派团体，这是欧洲先锋派艺术团体之一，对现代主义建筑的发展产生了重大影响。该团体深受具体艺术和立体主义以及激进左翼政治理念的影响，从一开始就追求艺术的抽象和简化，平面、直线、矩形成为艺术中的支柱，色彩亦减至红黄蓝三原色及黑白灰三非色。风格派前卫建筑的特点是严肃的几何形状、直角和原色。

风格派建筑家奥德在鹿特丹设计的"联合咖啡馆"就具有强烈的构成主义色彩，在立面造型上，他通过大面积的色彩对比和准确、和谐的细部比例，再搭配简洁、明快的形式风格，很好地阐释了自己的主题。他的另一个作品斯潘根住宅则采用了把简单形体重复构成的方法，创造出了简单、实用的住宅单位。

当然，风格派最著名的建筑设计作品应该是盖里·里特维德设计的乌德勒支施罗德住宅，乌德勒支施罗德住宅具有"要素性、经济性、功能性、非纪念性、动态性、形式上的反立方体性和色彩上的反装饰性"的特征，是西奥多·凡·杜斯堡塑性建筑理论在建筑上的体现。它的立面如立体构成作品一般，横竖穿插着不同大小的体块，互相制约又互相独立，每个体块的比例都十分完美，存在的位置也都非常恰当，令人拍案叫绝。乌德勒支施罗德住宅不仅造型设计精妙，其内部的空间处理也十分有新意，它有开敞的、可变换的空间布局，灵活的可折叠的墙体，通透的内外空间交流关系等，这一一切都使之成为当时欧洲最现代的住宅，据说，连格罗皮乌斯和柯布西耶都曾经造访过它。

西奥多·凡·杜斯堡是荷兰风格派的旗帜性人物，他不仅是风格派的领导人，同时还是这一门派最重要的理论家，他亲自参与设计完成了很多优秀的建筑作品。1923年，他为巴黎的罗森堡展览会设计了"艺术家之家"，并且制作了模型，同年，他发表了风格派重要的理论文章——《塑性建筑艺术的16要点》。在这篇文章里他写道，"新建筑应是反立方体的，也就是说，它不企图把不同的功能空间细胞冻结在一个封闭的立方体中。相反，它把功能空间细胞（以及悬吊平面、阳台体积等）从立方体的核心离心式地甩开。通过这种手法，高度、宽度、深度与时间（也即一个设想性的四维整体）就在开放空间中接近一种全新的塑性表现。这样，建筑具有一种或多或少的漂浮感，反抗了自然界的重力作用"。这篇文章可以看作风格派在建筑设计领域中的重要宣言，在这里凡·杜斯堡提到了"离心"一词，我们可以看出这和密斯、赖特的作品中所表现出来的离心式空间不谋而合。1928年凡·杜斯堡和汉斯及索菲·陶勃·阿普合作设计了位于斯特拉斯堡的奥贝特餐厅，在这个方案里，他有意识地运用了很多斜角线的造型要素，并通过大型斜角浮雕或"反构图"线条来进行支配或扭曲，强化了色彩在建筑中的地位，从而获得了鲜明的视觉特征。奥贝特餐厅是新造型主义的最后一项有意义的建筑作品，从此以后，凡是仍然归属于风格派的艺术家，包括凡·杜斯堡和彼埃·里特维德都日益接受新客观派的影响，从而服从于国际社会主义的文化价值观。

在当今流行的各种建筑思潮中，风格派的影响依然存在，这些作品大多采用非对称结构，具有简洁的基本形式，注重建筑体块的构成，比例刻画精致、严谨，并且强调色彩的表现作用。比如周恺老师设计的天津冯骥才文学艺术研究馆，以笔者的个人观点来看，这是一个绝美的现代新风格派作品，该建筑形态简洁大方，水平线条和垂直线条在立面上纵横交错，形成了一种极具美感的视觉效果。而平面设计上斜线条的使用，使得该建筑的空间变得更加灵活，充满了智慧和活力。

风格派对建筑的影响不仅体现在这些大师的作品上，还体现在建筑教育上，1921年，凡·杜斯堡把《风格》杂志迁移到魏玛的包豪斯后，于同年4月受聘于包豪斯，虽然他在魏玛的讲学并不尽如人意，但是他主张理性表现、主张严格的结构次序的理念却给包豪斯带来了正面的影响，导致包豪斯教学理念向理性主义的过渡。可以说，这也为现代主义建筑的诞生、成长推波助澜。

总之，作为现代主义的基础之一，风格派对建筑的影响可以从方方面面感受到，直到现在，学习建筑设计的大学生们入学的第一门专业课依然是平面构成，然后是色彩构成、立体构成和空间构成。老师讲到"构成"的历史时依然会提到风格派的代表人物彼埃·蒙德里安、盖里·里特维德、西奥多·凡·杜斯堡等人，蒙德里安的《红黄蓝与黑的构图》以及里特维德的乌德勒支施罗德住宅都是学生们耳熟能详的作品，由此可以看出，风格派对建筑教育的影响可以说是永久的，所以，对建筑设计的影响也就会永远存在了。

6. 装饰艺术建筑

建筑的装饰艺术受多种因素的影响，包括立体主义的几何构形、未来主义思潮，以及古代艺术。装饰艺术接受所有类型的艺术，只进行纯粹的装饰，不附加任何的宗教或政治色彩。

优秀的建筑作品，应该具备一定的艺术气质，游走于历史的长河，那些经久不衰的辉煌建筑作品其艺术气质表现得淋漓尽致，甚至可以成为一个时代的象征。古埃及的金字塔体现了对法老敬畏的时代，古希腊的神庙体现了优美的时代，古罗马的斗兽场体现了武力和威严的时代，中世纪的哥特式建筑体现了对宗教和天国向往的时代。

有了艺术气质，才能产生浓厚的艺术感染力！正像刚才所说的西方的宗教建筑都重在表现人心中的宗教激情，把人眉心的迷惘和狂热、幻想和茫然都化成实在的视觉形象，借助这形象进一步把人的情感推向更高的境界。除希腊的神庙外，其他建筑其超凡的巨大尺度，强烈的空间对比，神秘的光影变幻，配以雕刻的体型，激情飞扬的动势，这些在埃及、拜占庭、罗马、哥特式建筑、巴洛克的神庙和教堂甚至是现代建筑中都可以找到大量的例证。其作用都在于通过建筑的艺术形式来感染人的理性。这种特点在哥特式教堂中表现得尤其突出，那垂直向上飞腾的动势最为迷人，又尖又高的群塔，瘦骨嶙峋的笔直束柱，袒露的骨架结构，彩色玻璃透过来的富于变化的彩色光线使人产生一种腾空而起、飞向天国的神秘宗教情感，似乎人们的灵魂也随之升腾，一直升腾到上帝的脚下。

7. 解构主义建筑

解构主义建筑具有后现代主义的标志性风格，解构主义在20世纪80年代出现于欧洲，其特点是变形几何结构的非直线形状，解构主义建筑的外观通常是不可预知的，甚至令人震惊。利用航空航天工业开发的设计软件，在建模、高品质渲染以及曲面造型等强大的参数化设计方面表现突出，创建不寻常的建筑形状。首次向公众介绍这种新方法的展览是解构主义建筑展览会，由菲利普·约翰逊和马克威·格利策划，并于1988年在纽约的现代艺术博物馆举行。

二、现代建筑的发展

（一）现代主义建筑的基本理念

现代主义建筑理念的形成经历了一个漫长的过程。简单地说，它根植于两种新的传统：一是自19世纪末以来所逐渐形成的现代建筑形式的探索传统，它包括先驱者们的各种实验，如表现主义的、未来主义的、风格派的等；另一个传统是由格罗皮乌斯、勒·柯布西耶、米斯、卢斯等大师的现代建筑思想所构成的。这些大师所提出的各种观点，是现代主义建筑理念的核心和思想基础。

现代主义建筑理念的正式提出是在1928年的国际现代建筑会议上。当时，来自12个国家的42名现代派建筑师在瑞士集会，成立了名为"国际现代建筑会议"的国际组织，并发表了宣言，强调现代主义建筑的理念主要为：

（1）建筑要和现代工业社会的需要相适应，要随着时代的变化而变化；

（2）注重建筑的功能性，以功能性为核心；

（3）反对奢华的装饰，关注建筑的经济和社会问题；

（4）在使用现代新材料，发挥现代新技术的基础上，建立现代建筑的结构、空间与形式；

（5）突破传统建筑风格和原则的束缚，遵循现代建筑逻辑进行主动性创作；

（6）借鉴现代艺术和技术美学的成就，创造全新的现代主义建筑风格。

（二）现代主义建筑的主要审美特点

现代主义建筑不仅是人类建筑史上的一场革命，也是人类艺术史、审美史上的一场革命。它给人类带来了全新的审美感觉、审美形式和审美价值观，使人类获得了完全不同古典主义建筑的审美感受。欣赏现代主义建筑之美，可关注以下几个方面。

（1）崇高之美。现代主义建筑达到了古典主义建筑从未达到过的高度与跨度，以"欲与天公试比高"的气魄建立起崇高之美。巨大的体量表现了人类无限的创造力和建造新世界的勇气，也由此引发了人类新的审美愉悦。

（2）功能之美。现代主义建筑将水、暖、电系统引入建筑之内，使建筑不再仅仅是一个可供人们居住的空壳，而是一个可以满足人类各方面需求的空间。当然，现代主义建筑的功能还远不止这些，它还体现在生产、购物、科学实验、教育、游艺、体育等各个方面。完善的功能大大超越了古典主义建筑，人类在享受功能所带来的舒适性时，也会产生美的快感。

（3）空间之美。现代主义建筑在空间上的自由性表现在各个方面：既可以体量巨大，也可以小巧温馨；既可以封闭独立，也可以与外界互为一体；既可以是变化多端的异形，也可以是中规中矩的普通形。这些形式各异的空间本身就表现出多姿多彩的审美形态。

（4）技术之美。在建造技术方面，现代主义建筑以自身的科学化、现代性技术产生了古典主义建筑所未有的技术美。那些笔直的、剑刃般的线条，各种装备的造型，复杂的管道线缆，巨大的梁柱和析架，裸露的升降机以及复杂的灯光系统本身就谱写出一曲技术美的颂歌。

（5）材料之美。现代主义建筑成功地利用了各种材料，既有传统的砖、石、木材料，亦有现代科技生产的水泥、钢筋、合金、玻璃等材料。这些材料一经和现代主义建筑结构相结合，便焕发出材料的本真之美，以及它们在相互关系中产生的和谐之美。

（三）现代主义建筑运动

第二次世界大战以后，在现代主义思想的影响下，现代主义建筑继续发展、成熟，同时，也应运而生了许多流派。

1. 功能主义

19世纪末，沙利文提出的"形式追随功能"开辟了功能主义的道路；随后，"技术与艺术统一"思想的提出，标志着"功能主义"的诞生。20世纪20年代末，柯布西耶的著名论点——"房屋是居住的机器"把功能主义建筑美学推向了新的阶段，他反对古典主义的虚假装饰，认为建筑应该具有简洁、明快的"机械美"。

"功能主义"的总特点是更加重视功能问题的合理解决，并强调冷静而理性地面对创作，所以又被称为"理性主义"。"功能主义"提倡形式追随功能，反对装饰，充分肯定机器和技术的作用和地位，关注光与影产生的艺术效果，设计中也呈现出排斥个性化的现象。

格罗皮乌斯功能主义的著名作品有包豪斯校舍、法古斯工厂、科隆展览会办公楼等。

2. 密斯风格

密斯风格是以现代主义建筑大师密斯·凡·德·罗（Ludwig Mies. Van der Rohe）为代表的一个建筑流派。

1928年，密斯提出了著名的"少就是多"的建筑处理原则，而他本人也在21世纪的建筑活动中实践着自己的建筑哲学。20世纪风靡世界的"玻璃盒子"就源于密斯的理念及其终生对玻璃与钢在建筑中应用的研究。他主张流动空间的新概念，并提出"少就是多"和"上帝在细节中"的设计原则。在他的设计作品中，建筑细部精简到不可精简的绝对境界，不少作品的结构几乎完全暴露，但是它们的高贵、雅致，已使结构本身升华为建筑艺术。另外，他还强调建筑要符合时代的特点："必须满足我们时代的现实主义和功能主义的需要。"

因此，密斯风格在建筑艺术上主要有以下特征。

（1）讲求技术精美，强调简洁、严谨的细部处理手法，忠实于结构与材料。

（2）强调结构的"诚实性"，即在很大程度上要求能够从视觉上了解建筑的整个结构，不要用装饰掩盖结构。

（3）主张净化建筑形式，形式不是目的，而是一种结果，是结构的表现。

（4）钢和玻璃的结合是其外在形式。

密斯风格的代表作品有巴塞罗那世界博览会德国馆、伊利诺斯工学院建筑系馆、范斯沃斯住宅、柏林新国家美术馆等。不过，由于密斯风格盛行一时造成了建筑千篇一律的结果，且浪费能源，因此，密斯风格在 20 世纪 60 年代末开始降温。

3. 柯布西耶与粗野主义

勒·柯布西耶（Le Corbusier）是 20 世纪最重要的建筑师之一，是现代建筑运动的激进分子和主将，被称为"现代建筑的旗手"。柯布西耶曾在贝伦斯的建筑师事务所工作，这是一个以尝试用新的建筑处理手法设计新颖的工业建筑而闻名的建筑师事务所，在这里他遇到了格罗皮乌斯和密斯·凡·德·罗，他们相互影响，一起开创了现代建筑的思潮。

1923 年，柯布西耶出版了《走向新建筑》一书，强烈否定了 19 世纪以来因循守旧的建筑观点和复古主义、折中主义的建筑风格，极力主张创造表现新时代的新建筑。后来，他又提出了"新建筑五点"：底层的独立支柱，屋顶花园，自由的平面，横向的长窗，自由的立面。按照"新建筑五点"的要求设计的建筑，由于采用框架结构，墙体已不再承重。在 20 世纪 20 年代，勒·柯布西耶设计的一些建筑就充分体现了这些特点，如同传统建筑完全异趣的住宅建筑——萨伏伊别墅。

建于 1946 年的马赛公寓也是柯布西耶的著名作品。这幢建筑的外墙是混凝土饰面，不加粉刷，不仅有粗犷的感觉，而且增加了坚实新颖的效果。这种以柯布西耶设计的比较粗犷的建筑风格为代表的设计倾向，在 20 世纪 50 年代下半期到 20 世纪 60 年代比较流行，被称为粗野主义。

粗野主义建筑的主要特征有以下几点。

（1）以表现建筑自身为主，讲究建筑的形式美，认为美是通过调整构成建筑自身的平面、墙面、空间、车道、走廊、形体、色彩、质感和比例关系而获得的。

（2）把表现混凝土性能和与质感有关的沉重、毛糙、粗糙等作为建筑美的标准，在建筑材料上保持自然本色。混凝土梁柱表面保留模板痕迹，且不加粉刷，使建筑整体呈现出粗犷的性格。

（3）在造型上突出表现混凝土的可塑性，建筑轮廓凸凹强烈，屋顶、墙面、墩柱沉重粗犷。

4. 赖特与有机建筑

弗兰克·劳埃德·赖特（Frank Lloyd Wright）是美国杰出的建筑师，他从19世纪80年代后期就开始在芝加哥从事建筑活动，那时候正是美国工业蓬勃发展、城市人口急速增加的时期。19世纪末的芝加哥也正是现代摩天大楼的诞生地。但是赖特对建筑工业化不感兴趣，他很少设计大城市里的摩天楼，设计最多的建筑类型是别墅和小住宅。他的许多建筑作品受到普遍的赞扬，堪称现代建筑的瑰宝。

赖特对现代建筑有很大的影响，但是他的建筑思想和当时欧洲新建筑运动的代表人物有明显的差别，他走的是一条独特道路。赖特有很多著名的建筑作品，如古根海姆美术馆、流水别墅、罗比住宅等。他把自己的建筑称为有机的建筑，认为自然是有机建筑设计的灵感之源。任何活着的有机体，它们的外在形式与内在结构都为设计提供了自然且不破坏的思想启迪。而且，建筑本身就是一个有机体、一个不可分割的整体，人类也属于大自然生态的一部分，不能超越大自然的力量，这种对人与自然的关系的认识是有机建筑的思想源头。

以赖特为代表的有机建筑论也成为现代建筑运动中的一种建筑潮流。它代表非主流的反工业化的设计思想，并表现出自然化、有机性和非理性的美学倾向。其艺术特点有以下几点。

（1）强调建筑内外空间与自然环境的有机统一，注重发挥天然材料的特性。

（2）追求空间的自由性、连贯性和一体性，主张"开放布局"。

（3）有机建筑是一种由内而外的建筑，它的目标是整体性。即局部要服从整体，整体又要顾及局部。在创作中考虑特定环境中的建筑风格。

5. 象征主义

讲究个性与象征的建筑思潮最开始活跃于20世纪50年代末，到了60年代，象征主义作为一种流行的设计倾向已成为一种流派。它是对"现代主义"千篇一律的建筑风格的反抗。它追求建筑个性的强烈表现，建筑思想和意图常常寓于建筑的造型之中，能引发人们的联想。象征主义的建筑在满足功能的基础上，把造型艺术和环境设计作为首要考虑的问题。在具体设计中，主要有具象象征和抽象象征两种形式。具象象征易于从造型上为人们所了解，而抽象象征寓意于方案的联想。纽约环球航空公司航空站、悉尼歌剧院都是象征主义建筑具象象征极具代表性的作品；而法国朗香教堂、华盛顿国家美术馆东馆则可以看作具有抽象象征主义的作品。

6. 典雅主义

20 世纪 50 年代，现代建筑运动开始分化，其中以美国的菲利浦·约翰逊（Philip Johnson）、爱德华·斯东（E. D. Stone）、雅马萨奇（Yamasaki）为代表的"典雅主义"风行一时。

典雅主义又称新古典主义风格，它重视吸收古典建筑庄重、严谨和高雅的构图手法及精细的细部处理，适当采用装饰，创造出了一种富于纪念性的典雅高贵的形象。同时，它致力于运用传统的美学法则来使现代的材料和结构产生规整与典雅的庄严感。但它并不照抄传统，这是典雅主义与旧古典主义的本质区别。

7. 地方风格

地方风格是 20 世纪 20 年代"理性主义"设计原则同地方性与民族生活习惯结合的产物。这种风格最先在北欧活跃，以芬兰建筑师阿尔瓦·阿尔托（Alvar Aalto）的乡土派建筑为代表。50 年代末，日本在探求自己的地方性建筑方面也做了许多尝试，其中不少还带有一定的民族传统特色。

8. 高技派

高技派是在建筑风格上注重表现高科技的一种流派。20 世纪 50 年代后期，欧洲建筑师特有的理性创作态度，使"高技术"流派在欧洲取得了长足的发展。他们以现代先进技术为手段，采用预制装配化构件，极力表现新材料及新结构的特性，并在理论上极力宣扬机器美学和新技术的美感。

20 世纪 70 年代以后，英国建筑师理查·罗杰斯（Richard Rogers）和意大利建筑师伦佐·皮亚诺（Renzo Piano）合作设计的巴黎蓬比杜艺术与文化中心，使"高技术"建筑的风格逐步为人们所接受。另一位"高技术"派大师诺曼·福斯特于 1981 年设计的香港汇丰银行大楼，以其出色的新结构体系和超前的建筑外观，以及独特的内部空间和高超的技术，成为 20 世纪世界最杰出的建筑作品之一。此外，伦敦劳埃德大厦及初现生态化倾向的法兰克福商业银行大厦等也都是高技派的著名作品。

三、主要建筑流派

（一）粗野主义

"粗野主义"有时也被翻译为野性主义或野兽派，是 20 世纪 50 年代中期到 60 年代中期有一定影响的建筑设计倾向，粗野主义风格的建筑看上去同摸起来一样粗糙。目前，关于粗野主义的设计理念与代表人物，以及典型作品有不完全一致的看法。

1954 年，英国现代主义第三代建筑师彼得·史密森（1923—2003 年）和埃里森·史密森（1928—1992 年）夫妇首次提出"粗野主义"的概念，用以概括那些在建筑中刻意去展现混凝土粗糙和沉重质感的建筑创作手法。这种发端于英国的极端建筑形式，其真实的初衷是为了满足英国在战后恢复时期对居住用房、中小学校的大量需求。由于大量使用粗糙的预制构件，加上快速的施工过程，为了节省造价，表面不加处理的"粗野主义"建筑形式也就随之产生。这种表面不加处理的混凝土最早是在近代一些桥梁、海岸防御工事和堤坝的建造中使用，而最早将其应用到建筑上的是建筑大师勒·柯布西耶，早在二战之前他就在一些建筑上使用暴露的、不加处理的粗糙混凝土墙面。

1991 年再版的一本英国建筑词典对粗野主义的名词解释是：这是 1954 年源自英国的名词，用来识别像勒·柯布西耶的马赛公寓和昌迪加尔行政中心那样的建筑形式，或那些受他启发而做出的此类形式。在英国有斯特林和戈文；在意大利有维加诺；在美国有鲁道夫；在日本有前川国男和丹下健三等。粗野主义经常采用混凝土，把它最毛糙的墙面暴露出来，夸大那些沉重的构件，并把它们冷酷地碰撞在一起。

史密森夫妇所倡导的粗野主义不单是风格与方法问题，而是同当时社会的现实要求与实际条件相结合。他们认为建筑的美应以"结构与材料的真实表现作为准则"。建筑"不仅要诚实地表现结构与材料，还要暴露它（房屋）的服务性设施"。从这些方面来看，柯布西耶的马赛公寓和昌迪加尔行政中心对后来粗野主义建筑风格的形成有一定的指引作用。

粗野主义当时在欧洲比较流行，后来在日本也相当活跃，例如，前川国男设计的京都文化会馆（1961 年）和东京文化会馆（1961 年），大谷幸夫设计的京都国际会议厅（1963—1965 年），丹下健三设计的仓敷市厅舍等。到 20 世纪 60 年代下半期，粗野主义风格逐渐销声匿迹。而日本建筑师东孝光、安藤忠雄等人对混凝土的进一步应用已与粗野主义最初的设计思想完全不同，其灯芯绒一样的质感则是"野"而不"粗"，甚至非常优雅。

1949—1954 年，史密森夫妇设计的亨斯特顿学校是粗野主义的早期作品，虽然采用钢结构，但将雨水管与电气线路都直截了当地暴露出来。粗野主义风格的主要代表建筑有英国建筑师斯特林和戈文设计的兰根姆住宅（1958 年），美国建筑师保罗·鲁道夫（1918—1997 年）设计的耶鲁大学建筑与艺术馆（1959—1963 年），以及丹尼斯·拉斯登（1914—2001 年）设计的伦敦国家大剧院（1967—1976 年）等建筑。

1959—1963 年，美国建筑师保罗·鲁道夫设计了位于美国康涅狄格州纽黑文市的耶鲁大学建筑与艺术馆。从 1958 年开始，鲁道夫担任了六年的耶鲁大学建筑学院的院长，培养和影响了如理查德·罗杰斯和诺曼·福斯特等人。耶鲁大学建筑与艺术馆具有国际主义风格和粗野主义风格双重特征，整个建筑造型丰富，有许多大体量的空间穿插，也有一些细节的加工处理，这些方面与英国和法国同一时期的粗野主义作品有很大区别。建筑为 7 层，内部空间高低错落，据说共有 39 个不同的地面标高。建筑的外观形象强调了竖向划分，局部凹凸变化较多。外墙面的混凝土被处理成粗糙的带条纹的质感，体现出一种"优雅"的"粗野"。该建筑建成后，其风格与形式同古色古香的耶鲁大学反差巨大，引起非常大的争议，遭到许多人的反对。

（二）典雅主义

"典雅主义"又被称为"新古典主义""新帕拉第奥主义""新复古主义"和"新形式主义"。它是与发端于英国的粗野主义同时期发展，但在审美取向和设计风格上却完全相反的一种设计倾向。粗野主义主要流行于欧洲，而典雅主义主要形成在美国。"前者的美学根源是战前现代建筑中功能、材料与结构在战后的夸张表现，后者则致力于运用传统的美学法则来使现代的材料与结构产生规整、端庄与典雅的庄重感。"典雅主义风格的建筑在一些方面与讲求技术精美的倾向很相似，其实它们之间有很大的不同。讲求技术精美的倾向是使用玻璃和钢结构，而典雅主义则是使用钢筋混凝土梁柱结构，该流派追求建筑结构和形式的精细与典雅。建筑表面处理得干净利落、细腻精致，典雅主义的流行表现出历史主义倾向在被现代主义取代和压制很长一段时间后开始抬头，也反映出人们对国际风格千篇一律的不满。20 世纪 60 年代下半期以后，典雅主义倾向开始逐渐淡出。

典雅主义的主要代表人物为美国建筑师约翰逊、斯东和山崎实等一些现代派的第二代建筑师。主要代表作品有哈里逊、约翰逊等人设计的纽约林肯表演艺术中心（1957—1966 年），斯东设计的印度新德里美国大使馆（1954 年）、布鲁塞尔世界博览会美国馆（1958 年），美籍日裔建筑师山崎实为美国韦恩州立大学设计的麦格拉格纪念会议中心（1958 年，曾获 AIA 奖）、西雅图世界博览会美国科学馆（1962 年）、美国纽约世界贸易中心（1973 年）等建筑。

（三）追求个性化的趋向

在 20 世纪 50—60 年代国际风格流行之时，还有一些讲求个性与象征的设计倾向，它们开始于 50 年代，在 60 年代达到高峰，例如柯布西耶设计的朗香教堂、伍重设计的澳大利亚悉尼歌剧院、汉斯·夏隆（1893—1972 年）设计的德国柏林爱乐音乐厅（1960—1963 年）。加拿大建筑师摩西·萨夫迪设计的 1967 年蒙特利尔世界博览会的主题展示项目——"住宅 67"具有强烈的结构主义风格，他采用 365 个钢筋混凝土预制结构模块，组成了 158 套住宅，完全颠覆了传统的居住建筑造型，对后来的建筑发展起到很好的启发与推动作用。

当格罗皮乌斯、密斯等现代主义建筑大师相继离开德国后，建筑师汉斯·夏隆则成为德国战前和战后的联系人，他设计的柏林爱乐音乐厅被评为"战后最成功的作品之一"，其造型奇特的屋顶仿佛是挂满乐器的巨大帐篷，夏隆试图将其设计成为一座"里面充满音乐"的容器。为了使更多的观众能够近距离地聆听和观看音乐演奏，夏隆采用观众厅环绕舞台的布置形式，形成高低错落、变化丰富的室内空间，2003 年，卡费尔特建筑师事务所完成了对音乐厅门厅的改造。值得称道的是爱乐音乐厅的建筑造型已经具备 30 年后解构主义建筑的特质，更充分体现出夏隆作为世界级建筑大师的高超设计手法。

四、现代主义的名师名作

（一）纽黑文耶鲁大学冰球馆

小沙里宁对现代新型结构为建筑造型所提供的无限可能性充满热情。1956—1959 年，他为康涅狄格州纽黑文的耶鲁大学设计了一座前所未见的冰球馆。在结构工程师西弗鲁德的协助下，他将一般用于桥梁建造的悬索结构成功地应用于建筑之中，薄薄的木屋顶由缆索悬挂在中央龟背状隆起的主梁和两侧圈梁之间，使整个空间充满了动感。

具有张力结构的大跨度建筑物的建筑功能通常是大型公共建筑物，并且必须通过考虑诸如空间的视线之类的物理要求来确定结构形式。为了追求结构安排和视觉美学的和谐，耶鲁大学的冰球能够提供适合比赛，观看和环境的合理的室内功能空间。该建筑在空间内尽可能完美，使内部和外部完美结合。整个室内大厅，中间和侧面拱门之间都有一个订单，这样整个结构系统的整体尺寸以及各个部件和整体之间的关系，求得了和谐统一而又丰富的建筑效果。从内部看，一条肋骨像龙一样升起，它强大但不轻盈活泼。

耶鲁大学冰球馆好似海龟又好似鲸鱼的造型从创作之初就成为人们津津乐道的话题，

它的外观是建筑结构的视觉表现，立面和结构合二为一，建筑形象令人耳一新。通过模拟自然结构来创造一种新的结构形式，改变了传统意义的装饰，强烈的视觉形象毫不饰张扬的个性。在这座建筑中，结构美学是建筑美学。

（二）纽约肯尼迪国际机场环球航空公司候机楼

1956 年，小沙里宁应美国环球航空公司（TWA）之邀为其设计位于纽约肯尼迪国际机场的候机楼。飞翔的感觉是设计的出发点，整个建筑由四片自由形态的钢筋混凝土曲面薄壳构成，薄壳之间缝隙处装上玻璃天窗作室内采光。在此小沙里宁将现代技术的光辉成就与人的自由想象力大胆结合，塑造了一个梦幻般的空间。

（三）悉尼歌剧院

小沙里宁对创造有时代特点的现代结构的热爱还直接促成了 20 世纪另一个奇迹的诞生。1957 年，在澳大利亚悉尼歌剧院国际竞赛中，作为评委的小沙里宁对丹麦建筑师伍重（J. Utzon，1918—2008）的方案十分赏识，尽管对于方案如何实施并没有把握，但他仍说服其他评委相信这个方案必将成为伟大的杰作。历史已证明这个选择是无比英明的，在历经 17 年的曲折建造历程之后，如今悉尼歌剧院已成为悉尼乃至整个澳大利亚的象征。

（四）芬兰珊纳特赛罗市政厅

1949—1952 年设计建造的芬兰珊纳特赛罗市政厅是确定阿尔托战后风格的代表作品。采用一栋 U 形行政办公楼与一栋图书馆围合庭院式布局，与他早年设计的努玛库玛利亚别墅十分相似。由建筑围合的庭院既能满足人与自然的必要联系，同时可隔离自然界的不安定因素。

（五）纽约世界贸易中心

雅马萨奇（M. Yamasaki，按日名译为山崎实，1912—1986）最著名的作品是纽约世界贸易中心的双子楼，1962—1972 年建成，它们曾是世界上最高和最具有吸引力的建筑，是令很多人向往的文明社会的希望和象征。这两座建筑均为 110 层、415 米玻璃幕墙，建筑的排列方式与密斯芝加哥湖滨大道公寓如出一辙，但这两座都是边长 63.5 米的正方形，因而更加纯粹。大楼采用筒中筒式结构，在内部核心区筒体结构之外，外围由整圈密排的方管形钢柱形成外筒，以有效提高结构的抗侧向力剪切刚度。这些柱子每根宽 45.7 厘米，而净间距只有 55.8 厘米，外墙的玻璃面积只占表面积的 30%，与其他密斯式玻璃摩天楼有很大区别。由于柱子，窗下墙及其他暴露在外的表面除玻璃窗外都覆以银色铝板，可在不同气象条件下变幻出不同的颜色，如同神话中的琼楼玉宇。2001 年 9 月 11 日大楼毁于恐怖袭击。

（六）纽黑文耶鲁大学美术馆

爱沙尼亚犹太移民的后代路易·康（L. Kahn，1901—1974）是一位大器晚成的现代建筑大师，直到 50 岁那年，他的第一件引人注目的作品才得以诞生，而且他的巅峰时代也极为短暂，但这丝毫没有妨碍他被后人视为 20 世纪 70 年代以前美国最有影响的建筑大师。

1947 年，康被耶鲁大学建筑系聘为教授，同时开始着手进行耶鲁大学美术馆扩建工程。这是耶鲁校园内的第一座现代建筑，在与旁边的古典主义风格老建筑相邻的立面中，康使用了密实的砖墙以求统一，外露的钢筋混凝土楼板也尽量与老建筑保持协调。而在其他立面中，他则突破传统的限制，大胆使用钢铁玻璃幕墙，使之呈现现代建筑的风貌，光洁的玻璃与粗糙的砖墙互为衬托，形成鲜明对比。在内部处理上，康使用了一种罕见的三角锥形密肋楼盖结构，利用其间的空隙架铺各种设备管线，而三角锥的底部则直接暴露在外，给人以特殊的结构美感。

第三节　当代建筑文化的发展态势与新突破

一、建筑文化的特征及价值

随着人类文明的进步和社会的发展，建筑的文化价值越来越受到人们的重视。

大家平时司空见惯、最普通的东西，常常既重要又复杂，它的价值本来需要人们去认清，却往往不为人们所重视，建筑就属于这种对象。一个人从他诞生那天起，时时、事事都在同建筑打交道，都在读这本"立体的书"。因此，每个人都有一定的建筑文化水平。这应算建筑价值的第一特征，即普遍性。

建筑文化的第二个特征是它的综合性。从构成角度看，建筑与文化一样，包括物质文明和精神文明两个方面。建筑不仅要满足人们衣食住行的物质需要，也要体现政治、经济、科学、技术、哲学、宗教、艺术、美学观念等精神方面的要求，另外还要满足不同时代、不同地域、不同民族的生活方式、生产方式、思维方式、风俗习惯、社会心理等的需要。这种综合性使建筑成为人类每个历史阶段发展水平最重要的标志，如长城、空中花园、金字塔、巴特农神庙、圣彼得大教堂、摩天轮、水晶宫、埃菲尔铁塔……它们构成一个国家、一个民族的历史形象，因而被人称为"石头的史书"。对于典型建筑物的考古、研究和欣赏，往往会对产生该建筑的社会有深入和具体的了解。如布达拉宫的八角街转经朝佛图，可使人看到大昭寺和拉萨的总体布局，是如何受佛教信徒转经宗教仪式的深刻影响，推断出这样的建筑是怎样形成及如何影响人们的行为。

人类的建筑价值观念大致经历过五个阶段（或叫作五个里程碑）：①把建筑作为谋生存的物质手段的阶段——为遮风避雨防野兽侵袭，穴居野处、构木为巢阶段。②把建筑奉为艺术之母，当作纯艺术作品的绘画、雕塑阶段，即"建筑是凝固的音乐"，这个阶段对后世的影响最深远。③大工业产品时代——以勒·柯比西埃为代表，把建筑当作"住人的机器"。④认为建筑是空间艺术的阶段——如赛维所说"空间是建筑的主角"。⑤认识到建筑是环境的科学和艺术的阶段——1981年第14次国际建协华沙宣言提出，这是建筑价值理念上一次新的跨越。

建筑文化的本质特征就在于它是"环境文化""背景文化"。环境相当于人类、自然和社会的"笼子"，而建筑文化就是为人类设计和建造生存发展空间的"笼子文化"——各种各样的住宅、居住区、城市、进行区域规划、国土整治等。建筑对于人类历史和社会发展影响之大，其重要性是不应与一般生活用品和工业产品等同视之的，建筑同人的生命史、人类和城市乡村的发展史、国家的进步史始终连在一起。环境一经形成，就成为人们生活、生产、交际、娱乐种种行为的舞台，规定着人们的行为模式，影响着历史进程和速度。伟大祖国的社会主义"四化"建设，迫切需要我们重视建筑文化的研究工作，使之在城乡建设中发挥重要作用。

二、21世纪初中国建筑在多元化设计背景下的发展特点

（一）时代性与民族性相融合

时代性，是指当代建筑与时俱进的全球发展趋势；民族性，也可以说是地域性，是指建筑要体现一个地方的历史文脉特色。时代性与民族性相融合，也就是指一个建筑的设计既要与世界设计的趋势相俱进，又要不失这个建筑本身的地域特色与历史文化含蕴。

纵观中国历史，在"外来文化"的时代性与"传统文化"的民族性的融合问题上就有不少争议和尝试。在20世纪50年代中期，以"大屋顶"为特征的中国传统建筑的现代化继承思潮迅速蔓延了全国，是中国传统建筑与现代化建筑相融合的第一次高潮。但这次

民族形式复兴的起因来自苏联历史主义的影响，具有明显的政治色彩。21世纪当代建筑出现的时代性与民族性相融合的趋势多是受后现代主义的影响，运用新材料、新技术、新结构，通过隐喻和象征的手法，达到一种当代建筑和传统建筑的复古折中、新旧糅合的设计。

2010年上海世博会的中国馆，便体现了中国当代建筑时代性与民族性相融合的趋势。

首先，在表达中国特色方面，设计者从中国传统的艺术意境、色调等文化印象方面；从古代冠、箭等器具方面；从中国古都城市的营建法则和建筑斗拱等构件方面加以整合提炼，抽象出"中国器"的构思主题。表达中国的传统建筑文化特色。

其次，在表达时代精神方面，中国馆用现代立体构成手法生成一个结构严密、层层悬挑的三维立体空间造型体系。这个体系外观造型上整体、大气、有震撼力；内部空间穿插流动、视线连通，满足现代展览空间的要求；结构上既表现力学美感，同时也四平八稳，合理安全。

总之，世博会中国馆是采用现代技术与材料，运用立体构成手法对传统元素进行的现代转译，是当代建筑中时代性与民族性相融合的完美案例。

（二）新科学技术在建筑中的运用

吴良镛先生在《北京宪章》中指出："21世纪必将是多种技术并存的时代。"这里的"多种技术"包含了各种对建筑创作具有促进意义的科学技术。例如：新建筑材料、新结构技术、现代信息化设计手段（参效化设计）等这些在新世纪出现的一系列科学技术都体现了21世纪当代建筑的一个发展方向。

北京奥运会主体育场"鸟巢"就是运用新建筑材料的突出示例。它的外形是一个反向的双曲线钢结构构成的巨大钢网围合，观光楼梯是相互交织的钢结构的延伸，也消失了立柱。可以说鸟巢把钢材的可塑、抗拉、抗压性能发挥到了极致。其次，"鸟巢"采用双层膜结构，外层用ETFE防雨雪、防紫外线，内层用PTFE达到保温、防结露、隔音和光效的目的，这些都是后工业时代出现的新型环保建筑材料。

裘皮建筑也可谓是当代建筑多元化发展中的一枝独秀。随着现代科技的不断发展，新结构的不断出现，使得建筑表皮脱离结构具有独立性，有了任意伸展的可能性，形式也变得多种多样。例如：外观呈半椭球形的国家大剧院，就需要有高度发达的科技来实现大穹顶的结构，使剧场的外观不同于以往的形式。另一个中国当代建筑中有名的裘皮建筑是北京奥运会的游泳馆方案（水立方），它的表皮材料也是ETFE膜材料，其结构是世界上最大的结构设计公司ARUP设计的。

　　参数化设计，这个正在从前卫转向主流的新设计思潮和技术，在 21 世纪数码技术蓬勃发展的今天，如雨后春笋般呈现出勃勃生机。除了形态多样的裘皮建筑，现在许多建筑都具有弯曲自由的表面或者复杂错位的空间，这样的建筑除了要有新材料、新结构的支撑之外，还需要数字技术的支持。由美国 NBBJ 公司与 CCDI 中建国际设计公司共同设计的杭州奥体中心主体育场便使用了参数化设计方法。体育场的外观是由 14 组花瓣形单元构成的，无论是"花瓣"的形态，还是体育场自身的协调关系，都非常复杂。参数化设计的运用则极大地提高了工作效率和质量，简化了体育场设计上的复杂性。

　　（三）　可持续发展的绿色建筑

　　1999 年，在北京召开了国际建协第二十届世界建筑师大会，会议上一致通过的《北京宪章》提出了"人居环境"概念——建立一个可循环不息的生态体系，并倡导建筑师们要不断扩展学习，保持建筑学在人居环境建设中主导专业的作用。另外，《北京宪章》中还指出："走可持续发展之路是以新的观念对待 21 世纪建筑学的发展，这将带来又一个新的建筑运动，包括建筑科学技术的进步和艺术的创造等。"这正预示了中国建筑在 21 世纪中向可持续发展的绿色建筑靠拢的必须和必然。

　　事实证明，21 世纪以来我国在绿色建筑的发展上也做了很多工作：2000 年，我国执行新建建筑节能50%的标准。2004 年，科技奥运十大项目之一的"绿色建筑标准及评估体系研究"项目通过验收，应用于奥运建设项目。同年 8 月，上海市绿色建筑促进会成立，标志着"绿色建筑"所体现的生态的、人本的、可持续发展的理念，已备受社会各界关注，是全国第一家以"绿色建筑"为主题的社会团体法人。2005—2009 年分别召开了第一至五届国际智能、绿色建筑与建筑节能大会，不断强调绿色建筑的重要性。

　　由此可见，可持续发展的绿色建筑是中国当代和 21 世纪建筑发展的一个主导方向。在理念上，可持续发展的绿色建筑观念已经深入人心；在设计上，积极探索可持续发展的绿色建筑理论及其创作设计方法；在技术上，一系列的可持续发展建筑技术和建筑材料被研究和使用。华南理工大学建筑设计研究院设计的长沙市"两馆一厅"（博物馆、图书馆、音乐厅），是长沙市的地标性建筑群，是按绿色建筑标准建设的重点标志性工程。"两馆一厅"应用了电气系统节能、雨水收集系统、废弃建材回收利用等多项"绿色建筑"环保节能系统，是长沙的绿色建筑示范项目。

　　（四）　建筑创作个性化、艺术化

　　当代中国建筑越来越趋向于个性化、艺术化，其奇异的外观、特殊的材料与施工技术等都令人眼前一亮、耳目一新。其个性化、艺术化的原因可以分为两个：第一，当代科学技术迅猛发展，新技术、新材料的出现促进了或者实现了建筑师的大胆设计。第二，受西方设计思想的影响，尤其是后现代主义、解构主义和高技派。

后现代主义是通过拼贴、隐喻和象征等手法来用新颖的现代建筑语言和形式来诠释文脉的传承和精神的表达。解构主义是采用非中心、无次序的流线造型和解构、重组的破碎造型，达到功能与形式之间的叠合与交叉。高技派，则是运用新技术、新材料、新结构来实现对当代建筑的诠释。这些西方的设计思想都不同角度、不同深度地影响了 21 世纪中国当代建筑个性化、艺术化的趋向。

例如：由扎哈·哈迪德设计的广州歌剧院。哈迪德采用非几何形体、非规则的外形设计，使广州歌剧院成了广州独一无二的地标性建筑。从平面图上看，广州歌剧院好似珠江水冲来的两块大石头所组成，所以又名"圆润双砾"。在形式上，两块石头以看似圆润的造型，表达了内心的纯真。摆放在珠江岸边十分特别、显著；在功能上，"圆润双砾"的封闭造型，提供了绝佳的音响效果，"大石头"是 1800 座的大剧场、录音棚和艺术展览厅等功能空间，"小石头"则是 400 座的多功能剧场等。这样的造型设计不但完成了形式上的独特性，同时也完美满足了功能上的需求，做到了功能与形式之间的叠合与交叉，是解构主义的设计与表现手法之一。

三、当代世界建筑的发展趋势

经过现代主义、后现代主义建筑 100 多年的冲击，世界建筑呈现出百花齐放、多元共生的格局。现代与古典、世界性与地域性、后现代与民族性、新与旧的建筑共同繁荣了人类的当代建筑。

总的来说，当代世界建筑呈现出三种发展趋势。

1. 实验性、探索性

建筑虽不像现代、后现代主义时期那样表现出革命性、潮流性的特点，但仍在继续向未知领域推进，向理想境界攀升。在建筑与高科技的关系、建筑与环保的关系、建筑如何适应人类新的生存观念等方面，建筑师们仍孜孜以求，以期创造出能让人类诗意地栖居的建筑空间。

2. 建筑的风格与形态越来越表现出高度的综合性

在许多建筑上，我们既能看到现代建筑的理念与形式，也能感到后现代风格的浪漫与诗意；既能领略到新的探索带给我们的进步信念，又能回味到旧的形式给予我们的历史感。

3. 当代建筑表现出了从未有过的对各地域、各民族文化的尊重

本民族建筑的优秀传统与现代建筑意识、技术的结合已成为一种建筑时尚与潮流，并产生了许多典范性的作品。

建筑意识的进步与宽容，高科技的发展，材料的创新，各民族文化意识的觉醒，以及世界经济一体化的发展，必将给世界当代建筑带来无限的生机，21世纪将是世界建筑辉煌发展的世纪。

四、建筑文化的传承与发展

自18世纪下半叶以来，工业革命给人们的生活带来了巨变，新材料新技术的不断进步也给建筑带来了极大的冲击。在接下来短短的两百多年间，建筑有了空前的发展，不论在规模上、数量上、类型上、技术上都是以往任何历史时期所不能比拟的。世界各国的传统建筑在这期间经受着遗弃、破坏、保护、传承、发展这一跌宕起伏的波折命运。

对于中国的传统建筑，《建筑意》主编萧默曾指出："……可怕的是，上至决策层，下至青年学生，包括某些业主、建筑师、青年教师甚至著名教授、著名学者当中，都有这股洋风的吹捧者和崇拜者。而对于优秀的中国传统建筑文化，则不屑一顾。与此同时，文物建筑还在不断受到破坏，有人说，近20年文物建筑受到的破坏，已经超过了过去200年。"对传统建筑文化的认识不足，正在成为中国建筑设计界亟须解决的重要问题。

中西方悠久的历史给世界人民带来丰富的文化遗产。传统建筑所留给我们的不仅仅是一些表象的符号，一些既定的模式，而是蕴含着丰富文化内涵的综合载体。只有知道传统建筑艺术的本质，我们才能避糟取精，为今所用。有人认为建筑的传承就是简单复制古典建筑外在的造型，在建筑外立面做几根爱奥尼柱子便成了西式；弄个大屋顶，在空间内摆几把明式椅子就具有中国古典风格。这种认识显然是肤浅的。

传统的建筑在整个历史进程中，也是一个不断传承的过程，如西方14世纪的建筑师们将古罗马的柱式运用加以总结分析，并加以创新和发展，最后使之影响整个欧洲乃至整个西方世界。中国更是几千年来通过师傅口传心授，以"传帮带"的方法将传统的技艺传承至今。

能留存下来的建筑一定有其优秀的根源，梁柱的木结构体系即使经历过多次地震，依然能存留下来；古埃及运用的正投影绘图方法现在我们依然在使用；而"天人合一"的思想更是阐明了古人对自然环境的尊重。在传统建筑上，适应气候、利用现有的自然地理条件、在材料运用上做到物尽其用……这些优秀的设计思想不胜枚举。著名的"灰空间"思想就是日本建筑大师黑川纪章源于传统提出的现代设计手法。当代的建筑出现千人一面的

现象，正是不注重建筑的地域性，不考虑当地的自然条件进行的设计，没有做到"因地制宜"。如传统北京的四合院是一个围合的空间，外墙不开窗，通风采光都靠内院。而现在北京的住宅多为塔楼，所有的窗都是外向的。不管是寒风还是热浪都对它照顾有加，结果是窗户基本常年关闭，虽有窗却不能通风。虽有自然光，却只能拉起窗帘，开启人工光来照明，浪费自不必说。

传承的目的是发展。不同时期的建筑体现不同时期的文化特点，反映当时人们的生活方式、建筑条件和社会制度等。而现代建筑正是要满足今天人的需要，符合今天社会的发展，运用今天的科学技术和今天的材料，符合今天人们审美的兴趣和观念，所以新老建筑最大的区别在于其时代性。历史不是静止的，而是变化发展的。今天也会成了以后的历史，今天的建筑也会成了今后的传统。

随着时代的进步，建筑的功能越来越多，设计标准也随着生活方式的不同发生着巨大的变化。马车是古人最主要的代步工具，所以城市的道路都是以适合马车通行为设计基准。而今天，汽车的普及使城市道路一宽再宽。传统城镇中的主干道在今人看来只能算作羊肠小道。中国2000年来的封建等级制度不光禁锢了人的思想，也禁锢了建筑的设计。建筑从布局、尺度到用材用色，甚至到装饰图纹都打上了等级的烙印。而这一束缚随着封建社会的灭亡而消失了。如今，只要符合功能所需，任何建筑形式都可以采用，人性化的设计在今天的社会找到了更大的舞台。

中国历史上的园林兴盛于社会的动荡时期，当时园林的设计基调是为了避世，为了排遣主人对世事的无奈。是一种逃避现实，隐喻淡漠人生的传统，因此，就不大适合今天我们都市面貌的城市广场设计，而汉唐之风的浑然大气，法国凡尔赛宫园林的宏伟壮美则与改革开放时代精神相为一致。

日本、韩国受到中国的影响更为直接，远离中国的欧洲也曾一度兴起中国热。中国的佛教建筑受到西域文化的影响，随着佛教文化中国化进程的日渐深入，佛教教义与儒家思想的融合演变形成了中国特有的佛教建筑形制。历史告诉我们，世界文化是多样性的，但文化是可以互补的，在学习和吸收中外传统文化的同时要"内知国情，外知世界"，只有这样，传统建筑文化才能得以发展。

参考文献

［1］陈孟琰，马倩倩，强晓倩. 建筑艺术赏析［M］. 镇江：江苏大学出版社，2017.

［2］陈正. 土木工程材料［M］. 北京：机械工业出版社，2020.

［3］翟睿. 重建生存空间现代与后现代建筑［M］. 广州：岭南美术出版社，2003.

［4］翟芸，汪炳璋. 建筑艺术赏析［M］. 合肥：合肥工业大学出版社，2011.

［5］杜咏，岳健广. 建筑结构［M］. 武汉：武汉大学出版社，2018.

［6］飞虹，杨圣飞. 建筑结构［M］. 北京：中国轻工业出版社，2015.

［7］高阳. 中国传统建筑装饰［M］. 天津：百花文艺出版社，2009.

［8］顾孟潮. 建筑与文化漫笔［M］. 上海：同济大学出版社，2016.

［9］关罡，孙钢柱，陈捷. 建设行业项目经理继续教育教材［M］. 郑州：黄河水利出版社，2007：21-22.

［10］郝亚民，江见鲸. 建筑结构概念设计与选型［M］. 北京：机械工业出版社，2015.

［11］洪涛，储金龙. 建筑概论［M］. 武汉：武汉大学出版社，2019.

［12］侯治国，周绥平. 建筑结构［M］. 武汉：武汉工业大学出版社，2004.

［13］胡铁明. 砌体结构［M］. 武汉：武汉理工大学出版社有限责任公司，2020.

［14］黄靓. 砌体结构［M］. 长沙：湖南大学出版社，2018.

［15］黄世敏，杨沈. 建筑震害与设计对策［M］. 北京：中国计划出版社，2009.

［16］江苏省建设教育协会. 施工员专业基础知识土建施工［M］. 北京：中国建筑工业出版社，2016.

［17］姜立婷. 中国传统建筑与文化传承探析［M］. 北京：中国纺织出版社，2020.

［18］解清杰，高永，郝桂珍. 环境工程项目管理［M］. 北京：化学工业出版社，2011.

［19］赖伶，佟颖. 建筑力学与结构［M］. 北京：北京理工大学出版社，2017.

［20］李龙，颜勤. 中外建筑史［M］. 北京：科学技术文献出版社，2018.

［21］李晓文. 钢筋混凝土结构［M］. 北京：中国建筑工业出版社，2003.

［22］李英民，杨溥. 建筑结构抗震设计［M］. 3版. 重庆：重庆大学出版社，2021.

[23] 林拥军. 建筑结构设计 [M]. 成都：西南交通大学出版社，2019.

[24] 刘托. 中国建筑艺术学 [M]. 北京：生活·读书·新知三联书店，2020.

[25] 刘雁，李琼琦. 建筑结构 [M]. 南京：东南大学出版社，2020.

[26] 刘洋. 钢结构 [M]. 北京：北京理工大学出版社，2018：44～45.

[27] 刘永德. 建筑空间的形态·结构·含义·组合 [M]. 天津：天津科学技术出版社，
    1998.

[28] 刘智敏. 钢结构设计原理 [M]. 北京：北京交通大学出版社，2019.

[29] 娄树立，王丽霖. 普通高等教育"十三五"规划教材建筑结构抗震 [M]. 西安：西
    北工业大学出版社，2017.

[30] 罗福午，邓雪松. 建筑结构 [M]. 武汉：武汉理工大学出版社，2005：303-304.

[31] 聂洪达，赵淑红. 建筑艺术赏析 [M]. 武汉：华中科技大学出版社，2010.

[32] 牛伯羽，曹明莉. 土木工程材料 [M]. 北京：中国质检出版社，2019.

[33] 彭承光，李运贵. 场地地震效应工程勘察基础 [M]. 北京：地震出版社，2004.

[34] 曲恒绪. 钢筋混凝土结构 [M]. 合肥：中国科学技术大学出版社，2013.

[35] 商艳，沈海鸥，陈嘉健. 土木工程材料 [M]. 成都：成都时代出版社，2019：27-
    28.

[36] 沈新福，温秀红. 钢筋混凝土结构 [M]. 北京：北京理工大学出版社，2019.

[37] 宋文. 中国传统建筑图鉴 [M]. 北京：东方出版社，2010.

[38] 宋玉普，王立成，车轶. 钢筋混凝土结构 [M]. 2 版. 北京：机械工业出版社，
    2013.

[39] 王丽娟，徐光华. 钢筋混凝土结构与钢结构 [M]. 北京：中国铁道出版社，2012.

[40] 王铭明，杨德磊. 建筑结构 [M]. 成都：电子科技大学出版社，2017.

[41] 王文睿，王洪镇，焦保平，等. 建设工程项目管理 [M]. 北京：中国建筑工业出版
    社，2014.

[42] 王有学. 地震波理论基础 [M]. 北京：地质出版社，2011.

[43] 吴京戎. 土木工程材料 [M]. 天津：天津科学技术出版社，2019.

[44] 熊丹安，王芳. 建筑结构 [M]. 广州：华南理工大学出版社，2017.

[45] 徐蓉. 建筑工程经济与企业管理 [M]. 北京：化学工业出版社，2012：58～59.

[46] 杨杨，钱晓倩. 土木工程材料 [M]. 武汉：武汉大学出版社，2018.

[47] 袁帅，郭圆. 砌体结构工程施工 [M]. 北京：北京理工大学出版社，2019.

[48] 张豫，何奕霏，袁中友，等. 建设工程项目管理 [M]. 北京：中国轻工业出版社，

2018：44~45.

[49] 章劲松. 钢筋混凝土结构 [M]. 合肥：合肥工业大学出版社，2012.

[50] 赵广民，李春花，彭秀花. 浅析工程施工质量控制措施 [M]. 长春：东北水利水电，2009.

[51] 朱锋，黄珍珍，张建新. 钢结构制造与安装 [M]. 3 版. 北京：北京理工大学出版社，2019.

[52] 高振世，朱继澄，唐九如，等. 建筑结构抗震设计 [M]. 北京：中国建筑工业出版社，1995.

[53] 季宪军. 建筑结构抗震设计 [M]. 长春：吉林大学出版社，2015.

[54] 王凯宁，于贺. 钢结构连接设计手册 [M]. 北京：机械工业出版社，2015.

[55] 王若林. 钢结构原理 [M]. 南京：东南大学出版社，2016.

[56] 张培信. 建筑结构各种体系抗震设计 [M]. 上海：同济大学出版社，2017.

[57] 济洋. 钢结构 [M]. 北京：北京理工大学出版社，2018.

[58] 侯喜林，胡春梅. 地震 [M]. 南京：南京出版社，2019.

[59] 刘秋美，刘秀伟. 土木工程材料 [M]. 成都：西南交通大学出版社，2019.

[60] 张志国，姚运，曾光廷. 土木工程材料 [M]. 武汉：武汉大学出版社，2019.

[61] 贾淑明，赵永花. 土木工程材料 [M]. 西安：西安电子科技大学出版社，2019.

[62] 肖光宏. 钢结构 [M]. 重庆：重庆大学出版社，2019：1~2.

[63] 余志武. 建筑混凝土结构设计 [M]. 武汉：武汉大学出版社，2015：2~3.

[64] 张小云. 建筑抗震 [M]. 北京：高等教育出版社，2003：2~3.

[65] 王铭明，杨德磊. 建筑结构 [M]. 成都：电子科技大学出版社，2017：3~4.

[66] 殷和平，倪修全，陈德鹏. 土木工程材料 [M]. 武汉：武汉大学出版社，2019：5~6.

[67] 张银会，黎洪光. 建筑结构 [M]. 重庆：重庆大学出版社，2015：11~12.

[68] 陈正. 土木工程材料 [M]. 北京：机械工业出版社，2020：12~13.